やがて消えゆく我が身なら

池田清彦

角川文庫 15157

やがて消えゆく我が身なら

目次

人は死ぬ

小学生の頃、夜中にふと目が醒《さ》めて、やがて自分も死んでしまうんだと思ったら、恐ろしくて涙が出てきた経験をおもちの方は案外多いのではないだろうか。案外どころではなく、この国では一度としてそういう経験をしなかった人の方がむしろ稀《まれ》かもしれない。大人になって日常の様々な雑事にまぎれているうち、人はだんだん純粋な死の恐怖を忘れてくる。いや、そういう言い方は正確ではないな。正確には忘れたフリをするようになると言うべきか。

五十歳を過ぎても、純粋に死ぬのがこわいと言い切れる哲学者の中島義道《なかじまよしみち》のような素直な人は別格として、多くの人は、死ぬのがこわいと口にするのは何となくはばかられるような気持ちになってくる。社会というのは純粋な恐怖と純粋な欲望を隠蔽《いんぺい》する装置であるから、職場で勤務時間中に、死ぬのがこわいと言ってサメザメと泣いたり、Hしたいと言っていきなり隣の女子社員に抱きついたりすると、あっちの世界に送られてしまう。

しかし、がんを宣告されたり重い心臓病だと言われたりすれば、来るべき死の不安が切実な問題となって迫ってこない人はほとんどいないだろうから、死は死後の世界を信じてないすべての人にとって、心の奥底ではいつだって純粋な恐怖であることにまず間違いあるまい。死はなぜ恐怖なのだろう。どうせ死ぬのなら、ぽっくり死にたいと言う人は多い。苦しかったり痛かったり寝たきりになったりするのはいやだという理由ももちろんあるだろうが、主たる理由は恐らく近々に死ぬという事実を受容するのが限りなく恐ろしいというところにあるのだと思う。

死んだら無に帰して未来永劫《えいごう》生き返ることはできないということがなぜそんなに恐ろしいのだろう。自然選択説は、ある行動なり形質なりが存在する根拠を、適応度の違いに求めるが、死を恐怖する方が死を恐れない方よりも生存率が高いということはないと思う。ほとんどの動物は本能的に死を避けるが、死を恐怖しているようには思えないからだ。死の恐怖の余り自殺する人もいるくらいであるから、死の恐怖は適応度にとってはむしろマイナスであろう。

人が自身の死に純粋な恐怖を感じるようになったのは、脳が巨大化したことによる副産物なのだ。特に大脳前頭葉が巨大になり自我という機能を有するようになったことと関係している。自我にとって最大の問題は自己同一性の保持である。「オレはオレだ」「私は私なのよ」という奴である。この時から人は心の自己同一性の喪失に恐怖を抱くようになったといってよい。一八四八年の夏、アメリカで鉄道建設に従事していたフィニアス・ゲージという男性が事故に遭い鉄棒が脳の一部を貫いてしまったという事件があった。鉄棒が貫いたのは前頭連合野で、ここには自我の中枢がある。驚くべきことにはゲージの命に別状はなく、歩くこともしゃべることも普通にできたという。但し、人格が変わり昔の友人によれば、以前のゲージとは似ても似つかぬ、感情を喪失した男になってしまったとのことだ。

このことから二つのことがわかる。ひとつは自我の中枢が破壊されても生命体としての機能は損なわれないことだ。自我は生命維持の観点からは余分な機能なのである。これは自我は脳の巨大化の副産物だという先の議論と呼応している。もうひとつは、自我の中枢が破壊されると心の自己同一性が維持されなくなることだ。心の自己同一性が維持されないということは、自我という観点からはゲージは死んだということに他ならない。一九四〇―五〇年代にかけて、アメリカではロボトミーと呼ばれる手術が行われていた。脳の前部にメスを突き刺し、振り子のように動かして分離するものだ。手術は何万例にも達したという。

なぜこんな手術が行われていたかというと、精神分裂病（統合失調症）や躁《そう》うつ病に特有の不安や反社会的行動をなくすためだ。ロボトミーとは自我の中枢を破壊する手術であるわけだから、施された患者は人格が変わり（というよりも喪失して）、多くの人では人間らしさが失われたという。自我の消滅という点で言えば、これは一種の殺人（正確には殺心か）である。ロボトミーを開発したポルトガル人の医師エガス・モニスは「一部の精神病に対するロボトミーの治療効果の発見」により、一九四九年にノーベル賞を受けている。時代の流行というのは恐ろしい。今日ロボトミーは全く行われていない。

　ロボトミーを施された人は、不安や反社会的行動（狂暴なふるまい）が少なくなると同時に、喜びや悲しみといった感情も希薄になるらしい。恐らく心が喪失する恐怖すなわち純粋な死の恐怖もなくなるのではないかと思うが、私自身は手術を受けたことがないので、本当のところはわからない。しかし、死の恐怖から解放されたいために、ロボトミーを受けたい人はまずいないだろう。心をなくしてまで死の恐怖から免れようというのは本末転倒だからだ。

　死の恐怖を免れる最も簡単な方法は、体は滅んでも心は不滅であると信ずることだ。言わずと知れたことだが、これは宗教である。すべての宗教はその教説の中に死後の世界についてのお話が入っている。天国（あるいは極楽）に行くにしても地獄に行くにしても、死んだ後もとりあえず心の存在は保証される。宗教とは、脳が巨大化して死の恐怖などという余計なことを考えるようになった人間が発明した、心が安楽になるための極めて優秀な装置である。死の恐怖も宗教も脳の発明品であることでは共通している。こういうのもマッチポンプと言うのだろうか。

　チベットやインドに行って、仏教やヒンズー教の敬虔《けいけん》な信者に、死ぬのがこわいかどうか聞いてみるとよい。にっこり笑って死ぬのは別にこわくないと言うのに決まっている。哲学者の中島義道が死ぬのがこわいと言うのは死後の世界を信じていないせいである。ほとんどの国民が無宗教のこの国では、哲学者でない普通の人も、だから本音は死ぬのがこわくて仕方がないのである。死の直前になって急遽《きゅうきょ》キリスト教に帰依《きえ》する人が時にいるのもうなずける。

ところで、人はなぜ死ぬのだろう。多くの人はすべての生物は死ぬのだから人もまた死ぬのは当然だ、と思っているかもしれないが、それは少し違うのである。たとえば、バクテリアや一倍体（ハプロイド、染色体数がnの個体）の原生生物は原則的には死なない。もちろんエサがなくなったり、高温や乾燥に長期間さらされたりすれば死んでしまうが、それはいわば事故死である。原則的に死なないという意味は、細胞系列が分裂を重ねても老化しないということである。

大腸菌は何回分裂をくり返しても老衰で死ぬということはない。人の体細胞は五十回も分裂すると老化して死んでしまう。染色体の末端にテロメアという構造があり、分裂のたびにテロメアが少しずつ短くなって、ついには消滅して細胞系列の寿命は尽きる。何回分裂するとテロメアがなくなるかは種によってほぼ決まっているようで、人では約五十回であるが、マウスでは十回、ウサギでは二十回、ガラパゴスゾウガメでは百回を超えるという。それに伴い寿命の方は人は百二十年、マウス三年、ウサギ十年、ガラパゴスゾウガメは二百年である。

寿命に長短があるとはいえ、多細胞生物の個体は死を免れない。多細胞生物はバクテリアや一倍体の原生生物から進化してきたはずだ。前者は死すべきもので、後者は不死であるならば、死とは進化によって獲得された能力ではないのだろうか。アポトーシスという現象がある。細胞のプログラム死のことだ。これは生物が死すべき運命とひきかえに獲得した能力である。多細胞生物の複雑な形の形成にはアポトーシスが関与している。たとえば、手や足の指は、手のひらや足のひらから生えてきたのではなく、指と指の間のいわば水かきの部分がアポトーシスで死んで作られたのだ。あるいは脳の神経ネットワークは、まず過剰に神経が作られたあと、適度にアポトーシスで死ぬことによって機能的なものとなる。がんになりかけの細胞はほとんどアポトーシスで殺されるし、自分自身を攻撃するような免疫細胞（T細胞）もアポトーシスで殺される。要するに、アポトーシスは多細胞の動物が生きるために必要不可欠なアイテムなのである。アポトーシスを獲得しなければ、多細胞生物といえども細胞のかたまり以上のものにはなれなかったかもしれない。

脳が巨大になり、自我などというものが機能しだして死の恐怖を感じるようになったのも、もとはと言えばアポトーシスという死の能力を獲得したゆえなのである。皮肉な話である。もしかしたら読者は、アポトーシスで死すべき細胞はアポトーシスで死んで、残りの細胞系列は不死ならばもっとよかったと思うかもしれない。さすれば、個体は事故で死なない限り永遠の命を保証されるに違いないと。残念ながら、しかしそれは、全くかなわぬ夢なのだ。なぜならば、多細胞生物の個体が、原則的に不老不死であるとすると、地球上のほとんどすべての資源は、すでにして不老不死の個体に収奪されていて、あなたが生まれて育つのに必要な資源はもはや存在していなかったに違いないのであるから。それに個体が不老不死ならば、わざわざ子供を作って生命を繫《つな》ぐ意味がない。すなわち、あなたが存在するのは、多細胞生物が不老不死でないおかげなのだ。

私とて死にたくはないが、逃れられない運命ならば、それを前提に考えるより仕方がない。脳が巨大化して死にたくないと考えるようになったのは悪いことばかりでもないのである。同じ多細胞の動物でも、たとえばアリやカミキリムシは、死の恐怖もないかわりに生きる喜びもないように見える。彼らは自分が死すべき存在であることを理解していないからだ。昆虫はほとんど生きている機械である。アリは同種同士のコロニー間でも、異種のコロニー間でも、時に凄惨《せいさん》な殺し合いをするが、彼らには悲しみも憎しみも恨みも喜びもないように見える。だからアリたちは戦争に敗れても決して復讐《ふくしゅう》などを企てたりしない。幸か不幸か、人は複雑な心を持ち喜怒哀楽を友として生きざるを得ないようになってしまった。

無限の命をもつというのは、恐ろしく退屈なことではないだろうか。背水の陣もなければ、一期一会もない。我々の人生が面白いのはいつか死ぬことを我々自身が知っているからに他ならない。無限の命であるならば、一日の楽しみや悲しみがどんなにわずかであろうとも、ゼロでない限り無限倍すれば等しく無限になってしまう。有限の命であればこそ、今日どれだけ楽しかったかは意義あるものとなる。

それではどうしたら有限の命を面白く生きられるのか。そもそも面白いとはいったいどういうことか。それは次章からのお楽しみということで、今回はこれでお仕舞です。

人生を流れる時間

不公平ですな、私たちは毎年歳をとるのに学生たちはいつでも若い、と嘆いたのは、『チップス先生さようなら』の中の主人公（チップス先生その人）である。高校生の時に英語の副読本で読まされたのをまだ覚えているのだ。学生たちは毎年入れ替わっている。教師に異動がないとすればチップス先生の嘆きはその限りでは正しい。

高校生の頃は、何を寝ぼけたことを、と歯牙《しが》にもかけなかったが、最近は卒業や入学の時期になるとこの科白《せりふ》を思い出す。歳をとったのである。二十代までは歳をとるということが頭ではわかっていても、実感としてはよくわからなかった。中年も過ぎる頃になって、馬齢を重ねるだけで、一向に賢くも優雅にも金持ちにもならない我が身の、老化のスピードだけはいや増してくる現実を前にして、若者との落差が切なくなったのだろう。

そこで学生たちに、お前たちもすぐにオジサンとオバサンになり、あっという間にジジイとババアになり、病気になって死ぬのだ、とイヤミを言っているが、学生たちはハイハイと言っているだけで一向に動じる様子はない。若者たちには、自分たちがいずれ老人になるという実感がないのであろう。長生きしたくないという学生も少なからずいる。七十歳のオバアサンなんかになりたくない、なんて平気で宣《のたま》っている。七十歳になったあかつきには、死にたくないと言うに決まっていると私は思うが。

恐らく若者たちは、人生は短いとは思っていないのだ。大分前にシドニーにしばらく住んでいた時、年下のシドニーの虫友の一人に、「キーヨ　ライフ　イズ　ショート」と言われたことがあった。私はキーヨと呼ばれていて、その発音は、これは車のキーよ、と言う時の日本語のそれと同じなのだが、それはともかくとして、年下にそんなことを言われたことのなかった私はびっくりして、「じゃかわしいわい」と叫んだが、もとより相手には何のことかわかるわけもなかった。

私は四十六で彼は四十前後だったと思う。私はやっと人生の短さを実感しはじめた頃だったので、異国の友人だとは言え、年下の奴にそんなことを言われたくなかったのだ。自分より若い者が、自分より切実に人生の短さを実感したようなことを言うのが気に食わなかったのである。彼はオーストラリア有数のアマチュアのタマムシ屋（タマムシを蒐集《しゅうしゅう》している人をそう呼ぶ）で、生涯に殺したタマムシの数は半端じゃないだろうから、命の短さを身にしみて知っていたのかもしれないと一瞬思いはしたが、私とて殺した虫の数ではひけをとらない。それに自分以外の生物の命がどんなに短いかを知ったところで、自分の人生の短さを感ずることとは別問題だろうから、若いのに知ったような口をきく友にむかっ腹を立てたのだ。

歳をとるに従って人生の短さを実感するのはなぜだろう。それは恐らく、若者と年寄りでは流れる時間の速度が違うからだ。サヴァンと呼ばれる人がいる。一般的な基準では知的能力がかなり低いのに（他人とうまくコミュニケーションできなかったり、IQが相当低かったりする）、ある能力だけが際立っている人のことだ。八桁《けた》の素数を瞬時に言える人とか、見たものを写真のごとく正確に再現できる人とか色々いるなかで、時間を秒まで正確に言える人がいる。この人の頭の中にはクォーツがあるに違いない。夜中に目覚めて、二時二十五分三秒……四秒……五秒と言って、また寝てしまったという話もある。

時計サヴァンでない普通の人は、寝ている間、すなわち意識のない間の時間の経過はほとんどわからない。朝、目覚めて時計を見たらまだ午前五時だったので、もうひと眠りと思って次に目覚めた時は、はや九時で大事な会議に遅刻した、といった経験をおもちの方は多いだろう。あるいは逆に、ずいぶん眠っていたように思っても、ほんの十分ぐらいしか眠っていなかったということもある。意識のない時の時間経過の把握はほとんどできないのである。だから「邯鄲《かんたん》の夢」といった話が成立するわけだ。都に出て栄華を極め、オレの人生もまんざらではなかったと思って目覚めたら、それは飯をひとたきする間に見た夢だったという寓話《ぐうわ》だ。時計サヴァンは多分邯鄲の夢は見ないはずだ。寝ている間にも頭の中で正確に時計が刻まれているわけだから。

頭の中に時計をもっていない普通の人にとって、時間が速く流れるように思うか遅く流れるように思うかは、過去の想起と関係している。未来は経験できないから、未来の時間の流れの速度は誰にとっても不明である。さらには現在流れている時間の速度も本当はわからないはずなのだ。待ち合わせ時間に遅れた人をいらいらしながら待っている時間は妙に長く感じられるが、長く感じる原因は現在にあるわけではなく近過去の想起にあることは明らかだ。

たった十分待っているだけなのに、ずいぶん長く待っているように思うのは、十分経った後でないとわからないのだ。十分間の経験が頭の中に刻まれて、事後的にその間の時間を長いと感じるわけだ。若者が人生の短さを感じず、老人になればなる程そう感じるのだとすれば、だからたとえば、若者にとっての過去十年と老人にとってのそれが、同じ実時間でも主観的な長さにおいてはるかに異なるために違いない。

十二歳の少年にとって十年前の記憶はない。生まれた時の記憶はもちろんないだろうから、それは主観的には無限の過去である。私は小学校に入学する少し前に友人とかなり激しいけんかをして母親にこっぴどく叱られた記憶がある。その時母親は何と言ったか。少し前に日本はアメリカとけんかして人が大勢死んだのだから、けんかはいけません。十五年戦争（満州事変から敗戦まで）が終わってまだ十年と経っていなかったわけだから、母親にしてみれば戦争はつい最近の出来事だったのだろう。しかし、母親の説教を聞く私にとっては、戦争は話にしか聞いていない遠い昔の出来事であった。

十歳前後の少年にとって過去十年の主観的長さは無限なのだ。遡《さかのぼ》れば遡るほど記憶が定かでなくなり、ついにはモヤの中に没してしまう。過去の十年がこれ程長いのであれば、未来の十年も相応に長いに違いない。ましてや未来が五十年も六十年もとなれば、主観的感覚としてはほぼ無限であろう。人生は短ろうはずはない。少年たちはそう思っているに違いない。少年老い易く学成り難し、とは、だから中年以上のオジサンの感慨であって少年はそんなことは考えないのである。

少年はそのうち二十歳になる。十歳の時の記憶はほぼ鮮明である。だから過去十年の主観的長さは有限である。しかし、少年はその間に様々な経験をして大人になった。お勉強は余りしなかったけれども、酒やタバコの味を覚え、性の快感を知り、世の中の矛盾を知り、先生や親が昔思っていた程偉くないこともわかった。そんなにも色々な経験をしてもまだ二十年しか生きていないのだから、その二—三倍以上ある人生が短いとはとても思えないだろう。

次から次へと新しい経験をしている時、時間はとても長く感じられる。正確には少し後から想起するとその間の時間が長く感じられるということだ。私は一九七九年に山梨大学に赴任したが、その年に、集中講義にお見えになった偉い先生から、大学に就職して二年ぐらいはとても長いですけれど、後はあっという間ですよ、と言われたことがあった。今、振り返ってまさにその通りであったと思う。世の予言は大抵は当たらないけれども、人生を流れる時間はだんだん速くなるよ、という予言だけはほぼ間違いないような気がする。

就職して間もない頃は、職場には新鮮で新しい経験が次々に待ちかまえているが、数年経つと徐々にマンネリになってくることと、体感時間の流れが速くなってくることは関係しているのだと思う。それが証拠に転職したり転勤したりすると、しばらくは時間はゆっくり流れる。私は一九九三年から九四年にかけて約一年間オーストラリアのシドニーに住んでいたが(先に述べたのはその時のエピソードだ)、この一年間はその前後の一年間に比べずいぶん長かった気がする。見知らぬ土地でヘタな英語で生活をしていたことに加え、採集した昆虫はほとんど見たことのないものばかりだったのだから、まさに少年のような日々だったのだ。

人生、同じ七十年を生きるにしても、次々に新しい経験をすれば体感時間は長くなると思う。体感時間の長さは想起できる記憶の量に比例しているのかもしれない。さすれば恐ろしい経験を次々にしても、体感時間は延びるわけで、体感時間が長いことと幸福なことは必ずしもパラレルではないのだろう。いずれにしても中年になれば、初めての経験は少年期や青年期に比べて減ってくる。新しい女ができたからといって、初めてと二度目以後では新しさのレベルが違う。だから人生を流れる時間は徐々に加速してくる。

中年になって本当に新しく楽しい経験に出くわした人が、時に家業を忘れる程夢中になってしまうのは、だからわかるような気がするのである。中年になって初めて知った女遊び、初めて知ったバクチ、その他その他。六十にもなって三十五歳も年下の女子学生に、百通ものラブレターを送った大学教授がいた。世間は何というか知らないが、私はその少年のような純情さに感動してしまう（ゲーテはもっとすごく、七十歳代の半ば頃に十九歳の女の子にマジ求婚して振られている。ザマアミロ）。ラブレターを書いていた時に、この先生に流れた時間は充実していたのだと思う。少なくともゴミのような論文を書いているより楽しかったに違いないが、世間は私のこういう考えを危険思想だと思うかもわからない。

ところで、私は老人になったことがないので、老年期に中年期よりも体感時間がさらに加速するかどうかについては実感がわかないが、知り合いの年寄り連中に聞いてみると、六十歳から七十歳は、五十歳から六十歳に比べてずっと速く過ぎたと言う人がほとんどなので、老化と共に体感時間がさらに加速することは間違いないと思う。

老人は少々ボケて短期記憶が薄れてくる。完全にボケた人は昔のことしか覚えておらず、今朝、飯を食ったことも忘れてしまう。体感時間の長さと想起できる記憶の量がパラレルであるとの私の仮説が正しければ、記憶の量が少なくなった、老人の近過去の体感時間は短くなるのは当然だということになる。完全にボケた後の体感時間は光速度で流れているのかもしれない。七十歳で死んでも八十、九十、百で死んでも、実時間はともかく、体感できる人生の長さはさして違わないということもあり得る。だから早く死ね、と言っているわけでは決してありません。念のため。

がん検診は受けない

人生に病気はつきものである。多くの人はできることならば、健康のまま長生きしたいと思っているに違いない（稀《まれ》には、そう思っていない人もいるかもしれないが）。しかし、生老病死は自然そのものであるから、本人の意向にはかかわりなく勝手にやってくる。勝手にやってくるものは仕方がない、と昔の人はあきらめていたのだろう。

伝来の薬草と祈禱《きとう》ぐらいしか病気に対処する方法をもたなかった頃、病気に対する人々の心は、むしろ現在より平穏であったかもしれない。一昔前のヒマラヤ登山は、現在と違って大部隊であった。大抵は医師が同行したから、登山隊の通り道となる麓《ふもと》の村には、近隣の集落から体の具合が悪い人が、門前市をなすことも多かったらしい。すべての病気は赤チンと正露丸（もとは征露丸と言ったのだ。日露戦争の時に兵士の腹下しを治すために作ったのがはじまりとか。それで征露と言うわけだ）で治るという、まことしやかな話もあるくらいだから、土地の人々は我々が考えている医者というイメージとは程遠い、霊験《れいげん》あらたかな祈禱師が遠い異国からやってきたと思っていたのかもしれない。

米本昌平《よねもとしょうへい》がどこかに書いていた話だが（ウロ覚えなので違っているかもしれない）、ある時、登山隊の滞在している村に、遠くからカゴでかつがれて、病気の老人が運ばれてきた。この人はかの地の有力者で、周囲も本人も死を覚悟し、異国の医者のうわさを聞いてわざわざやってきたという。ところが診察をしてみると、見た目ほど悪くなく、最新の薬で簡単に治ってしまった。喜んでもらえるだろうと登山隊の人々は期待したが、案に反して村人たちは本人も含めて当惑して、どうしてよいかわからない顔をしていたという。病気が治ることとは、本当は期待していなかったのである。登山隊の医者に診察してもらうのは、極楽へのみやげみたいなもので、儀式の一種だったのだろう。死ぬことを前提に話を進めていたのに、まだ当分死なないと言われて困ったのである。病気が治るのも治らぬのも、神か仏のおぼしめし次第の世の中では、病気になってジタバタしても仕方がない。死んでも天国か極楽浄土に行けるわけだから、死ぬのもそれほどこわくない。健康診断で一喜一憂することもなければ、がんの手術を受けるかどうかで悩むこともない。考えてみれば、今の我々よりよほど気が楽である。そういう世界では、死ぬと決まった病人が、人為的に治ったりすると、かえって困るのであろう。

それが崩れたのは、もちろん医学が発達したせいである。十九世紀から二十世紀にかけての医療の進歩は、文字通り画期的であった。抗生物質の発見は、上下水道の完備をはじめとする公衆衛生関係のインフラ整備とあいまって、先進国から感染症をほぼ退治してしまった。昔は死ぬのが当たり前だった乳幼児は、今では育つのが当たり前になった。それ自体は慶賀すべきことには違いないが、病気をコントロールできるとの考えは、結果的に人間を不幸にしたのではないか、と私は思う。

健康診断という制度がいつからはじまったのか知らないが（日本では恐らく、徴兵検査と密接に関係しているのではないかと思うが）、この恐ろしくパターナリスティックな装置が、大多数の国民を健康強迫症に追いやっていることは確かであろう。不惑を過ぎる年にもなれば、健康診断ですべてパーフェクトという人はむしろ少数派だろう。健康診断の結果が少しでも悪いとすぐに医者に行って、薬をもらわないと気がすまないという人も多い。診断前と後で、体の状態がそれほど変化したわけではないだろうに、不思議な話ではないか。

昔は、体の具合が悪くなってはじめて医者に行った。今は、体の具合が悪くなる前から医者に行っている。早期発見、早期治療という医療資本の金もうけ戦略に、国民ぐるみでだまされているとしか思えない。生活ぶりや生活習慣が同じ集団で、毎年健康診断を受けているグループと受けていないグループの平均寿命を比較しても、恐らく有意の差はでないだろう。もっとも日本では、サラリーマンのほとんどはほぼ強制的に健康診断を受けさせられているに違いないから、比較することがそもそも不可能か。何であれ、人々を管理すること自体を目的とする好コントロール装置にとって、健康診断が人々の寿命をのばしてものばさなくとも、別にどうでもよいのかもしれないが。

医者や医療資本にとって最悪なのは、一粒で病気が完全に治ってしまう薬が発明されることである。必勝法がわかってしまった将棋指しと同じで、こうなると存在理由がなくなってしまう。次に悪いのは、医者にかかったことがない人が自宅で倒れてそのまま死んでしまったり、救急車で運ばれる途中で死んでしまうことである。こういう人ばかりだと、医者はおまんまの食い上げになってしまう。毎日、病院に通ってきてくれたり、入院して高価な治療を受けてくれる患者さんは、とてもいいお得意さんである。なるべく高価な商品やサービスを売りつけてもうけようとするのは、商売ならみな同じで、別に悪いことではないが、患者の弱みにつけ込んでだますのはよくないと思う。

私の父は八十六歳で亡くなった。その三年程前に、股関節《こかんせつ》が外れ易くなり痛くてしょうがないと言うので人工関節を埋め込む手術をしてから、寝たきりになった。医者は手術は成功したと言い張ったが、結果的に寝たきりになったのだから、手術はしなかった方がよかったのである。今から考えれば、八十歳を過ぎた老人に大手術をしようというのが、そもそも間違いだったのである。父は医者大好き老人の例にもれず（この年齢の人たちは、何でこんなにナイーブに医者を信用しているのだろう）手術をしたがった。医学はどんなことでも可能だと信じたがっていたのだろう。私は手術はしない方がいいんじゃないかと内心思ったけれども、オヤジに意見をする程根性がなかった。

死ぬ一ヶ月前に意識不明になった。医者はもう長いことはないと言いながら、胃にがんができているかもしれないので検査をしたいような口ぶりであった。近いうちに死ぬことがわかっている人の検査をしてどうするのだろう。私は怒るというよりあきれた。

女房の父もまた、私の父の死の一ヶ月後に亡くなった。最後はガリガリにやせて、誰の目にも時間の問題であることは明らかだった。左手の何本かの指の先が壊死《えし》を起こして痛々しかった。病院の医者たちは合議の結果、壊死した部分を切り落とす手術をすることにしたと言った。

月曜日に病室にやってきて、患者に手術の説明をしたという。脳梗塞《こうそく》のため、相手の言うことはほぼ理解できても、口がきけなかった義父は、しぶしぶ手術に同意したらしい。手術は金曜日ということに決まったが、何としかし、義父は火曜日に亡くなったのである。悪いところはできる限り治す、のは現代医療の原点だとしても、瀕死《ひんし》の病人の指を切り落とす必要があるとは思えない。そのうち、手術は予定通りにやらないと困りますから、死んだ患者さんはそれまで冷凍保存しておいてもらいます、と言い出すかもしれない。実父と義父の二つの死の後、私は固く決意した。八十歳を過ぎたら死んでも手術は受けまいと。

それで、健康診断の話である。私は一年に一回やる職場での健康診断の血液検査は受けることの方が多い(受けない年もたまにある)が、レントゲン検診やがん検診は受けない。がん検診を受けて、何でもないと言われて、三ヶ月後に手おくれでしたと言われた人を、私は何人も知っている。自覚症状がなくて検査を受けるのは、何でもないと言われて安心するためであろう。要精検などと言われて不安になるのは損ではないか。

がん検診を受けた方が長生きできるのであれば、私もがん検診を受けるだろう。しかし、がん検診でがんが見つかった方が、見つからなかった場合よりも長生きできるという保証はない。実際、がん検診を受けても受けなくても、がんの死亡率には有意の差がないのである。近藤誠（たとえば『それでもがん検診うけますか』文春文庫）によれば、がん検診で早期発見される「がん」の多くは、実は「がんもどき」で、わざわざ手術をしなくとも命に別状はないのだという。この話を馬鹿げていると一蹴《いっしゅう》する医者は多いが、たとえば、胃がんの検診を毎年受けているグループと、全然受けてないグループの、胃がんの死亡率には有意の差はないのだから、このように考えないとつじつまが合わないのである。医者の中には近藤誠を蛇蝎《だかつ》のように忌み嫌う人が多いが、それは近藤が本当のことを言っている証拠である。

近藤は胃が痛かったり、胸にしこりがあったり、血便が出たりしているのに検診を受けない方がいい、と言っているわけではない。そうなってから検査をしてがんとわかって治療をしても、早期発見、早期治療をしても、死亡率には差がない。だから、がんの集団検診をするのは、体にも心にも悪いと主張しているだけだ。そうは言っても、職場での集団検診を拒否するのはなかなか難しいという人もいるだろう。その場合は、体の調子が悪かったので医者に行って検査を受けたばかりだ、とか適当なウソをつけばよい。早期発見できてよかったですねえ、とおためごかしを言われて、何でもない胃を取られ、胃の調子はドン底で、それでも命が助かってよかった、と医者に感謝をしているのは、お人好しを通りこしてマンガである。

なぜそうなるのか。好コントロール装置（この最大のものは国家権力である）のコントロール欲望と、医療資本の金もうけ欲望が、見事に一致して国民を不必要な医療に駆り立てているからである。この二つの欲望装置は病気の人を病院に送るだけでは満足せずに、病気でない人まで病院に送り込もうとしているわけだ。最近では、個別のがん検診以外にも、採血して行う腫瘍マーカー検査とか、脳ドックとか新手《あらて》の商売が登場して、無知な国民から金をまきあげているらしい。

精密検査をすれば、中年以後ならばどんな人でも、一ヶ所や二ヶ所異常が見つかるはずだ。異常というのはもちろん医者がそう言っているだけで、ほとんどの人がそうであれば、むしろ少々異常がある方が正常で、全く異常がない人の方が異常であろう。人は体の異常を見つけるために生きているわけではない。検査をするまでは何の心配もせずにノホホンと生きていたのに、検査をしたばっかりに、金と時間を使わされて、体と心に多大なストレスを負わされて、あげくは今年は大丈夫でしたがまた来年検査を受けて下さい、と言われてホッとしている、なんてどう考えてもおバカの極みである。医者には体の具合が悪くなってから行けばよいのだ。

がん検診を受ける金と時間を使って、本マグロの中トロをサカナに、久保田の万寿でも飲んでいる方が絶対に長生きすると、私は思う。

親はあっても子は育つ

『火宅の人』の檀一雄《だんかずお》ではないが、親がムチャクチャをしていても、育つ子は育つし、途中で死ぬ子は死ぬし、賢くなる子は賢くなる。反対にどんなに手をかけても死ぬ子は死ぬし、バカになる子はバカになる。そう書き出せば、なにやら運命論者か遺伝子決定論者の言のように思われるかもしれないが、決してそういうことではない。親は物理的に子供を殺すこともできるし、病気にすることもできるし、バカにすることもできるが、親の力で子供をプラス（と思う方向）へ導くことは極めて難しいということである。

生物の形態や行動は、生得的な原因と後天的な原因がミックスして生ずると考えられる。いわゆる下等動物では前者の原因の方が勝るが、高等になるほど後者の原因の割合が大きくなると思われる。昔、私の研究室でブドウトラカミキリの交尾行動を調べている学生がいた。雄と雌はブドウのつるの上で出合うと、即座に交尾する。実は雌は逃げようとすることが多いのだが、雄に首をかまれると観念してしまうらしく、後はスムーズにことは進む。雄と雄あるいは雌と雌が出合った時は、両者は何事もないかのようにすれ違う。こういった関係性は個体ごとに異なることはなく、種として決定されているように見える。

人間の場合は、ほとんどの行動は一義的に決まっているわけではない。すれ違いざま交尾（ヒトの場合は交尾とは言わないが）をする男女はいたとしても稀《まれ》であろう。「わたし、耳たぶをかまれると、もうダメなの」という女の子もいるが、すべての女の人がそうというわけでもないだろう。ヒトの場合、種として生得的に決定されていることは何か。個々人として生得的に決定されていることは何か。あるいは逆に何が後天的に決定されるのか。そもそも、そういう問いを立てることは無意味なのか。

実は昆虫といえども、すべて生得的に決定されているわけではない。ショウジョウバエに横脈欠失という変異がある。正常なショウジョウバエには翅《はね》に横脈があるが、時に横脈が欠失する遺伝的変異が生ずる。これは遺伝子の異常によることがわかっている。ところが、正常な（横脈をもつ）遺伝子をもつものでも、蛹《さなぎ》の時に高温にさらされると横脈が欠失するものが現われる。本来遺伝子によって現われる変異を環境が代行したのである。

横脈（あるいはその欠失）は生得的な形質なのか、それとも後天的な形質なのか。遺伝子によって決定されている場合は当然生得的な形質であるが、高温によって決定されるとなるとそれは後天的な形質という他はない。だから横脈（あるいはその欠失）そのものは生得的な形質であるとも後天的な形質であるとも、どちらとも言うことはできないのである。このことは、実はすべての形質に当てはまるのではないかと私は思う。同じ遺伝的な背景をもつものが、全く同じ環境で発生すれば、同じ形質を現わすのは当然として、異なる環境では同じ遺伝的背景をもつものでも異なる形質になることはあり得る。逆に、異なる遺伝的環境をもつものでも、特殊な環境で発生すれば、同じ形質になることも可能なのだ。形質とは、何割かが遺伝的に決定されていて、何割かが後天的に決定されているといったものではなく、すべて遺伝的背景と環境の相互作用の帰結なのである。

ショウジョウバエでさえそうなのだから、ましてそれより複雑怪奇な人間ではなおさらである。人間のIQ（知能指数）は確率として半分は先天的に、残りの半分は後天的に決まると言われている。後天的な因子すなわち環境因子のうちで最も貢献度が高いのは子宮内環境で、全体の約二〇パーセントと推定されている。この話が正しいとすると、たとえば一卵性双生児のIQ類似度は七〇パーセントとなる（遺伝的背景五〇パーセントと子宮内環境二〇パーセントが全く同じなので）。また、同一の母親の異なる時期の子宮内環境における類似度は五パーセントと推定されているので、通常の兄弟姉妹のIQ類似度は三〇パーセント（遺伝的背景は半分が同じだから、全部同じとした場合の貢献度五〇パーセントの半分で二五パーセント、それに上記五パーセントをプラスして三〇パーセント）、二卵性双生児の類似度は四五パーセント、別々の子宮で育てられたクローンの類似度は五〇パーセントになる。しかし、どんな子宮内環境がIQの上昇に効果があるかはわかっていない。

IQというのはもちろん一つの指標であって、本当の意味での知能を表わしているわけではないが、人間の知的能力の何らかの反映であることは間違いない。そしてそれが、確率的に半分は遺伝的背景によって決定されることも疑い得ない。重要なのは決定されるということよりむしろ確率的にというところなのだ。確率的に半分は先天的に決定されているという意味は、知的能力のうちのある部分（たとえば計算能力といったような）が遺伝的に決定されていて、別の部分（たとえば、相手の気持ちを推察するといったような）が後天的に決定されているという意味でもなければ、どんな環境下でも、約半分は先天的に決定されるという意味でもない。あくまでも平均的な話なのだ。

昔、オオカミに育てられた子供の話があった。この子は人間社会に復帰した後でも、コトバをしゃべれるようにならなかったという。この話を完全な作り話であるとして否定する人もいるが、幼児の時にコトバを教えられなかった子は、オオカミに育てられたかどうかとは無関係に、コトバをしゃべれるようにはならないに違いない。コトバを理解できなければ、IQは極端に低いであろうから、この場合IQはほとんど後天的な因子で決定されてしまう。

このことをもって、コトバを理解する能力は後天的にのみ決定されると論ずる人もいるが、それはまた違うのである。イヌやネコにどんなに一所懸命にコトバを覚えさせようと努力してもムダであることは誰でも知っている。イヌやネコはコトバを覚える能力が先天的にないのだ。人間は違う。人は誰でも障害さえなければ、幼児の時にコトバのコミュニケーションの中に放り込まれさえすればコトバを覚えてしまう。その意味で言語能力は先天的だと言える。但し、それは適当な環境に置かれないと顕現しないのである。だから、具体的にどのコトバをどう使用するかは、先天的な因子と後天的な因子の相互作用の結果なのである。

コトバだけではない。物をどう見るかもまた先天的に決まっているわけではない。大人になってから先天性白内障の手術を受けて、いわゆる開眼をした人は、光は感じても物をうまく見ることができないらしい。光の玉が目の前をバラバラしている以上のことを見るには、それなりの訓練が必要なのである。幼児の時にコトバに接したことがない人が、大人になっていきなりしゃべることができるようにならないのと同じで、幼児の時に物を見る機会がなかった人は、大人になってからはじめて物を見ようとしてもうまくいかないのである。開眼手術をした人が物をうまく見られるようになるまでには、長期の訓練が必要だとのことだ。

先天的に備わっている能力を凍結したり、破壊したりするのは実に簡単である。どんな動物でもエサがなければ育たない。その意味では食糧は成体の形質を決定するのに遺伝子よりも重要と言えなくもない。人間だって食物を与えなければ育たないのは同じであるが、もっと様々なものを与えてやらなければ、遺伝的素質が開花しないという点で、より複雑である。複雑な分だけ破壊するのは簡単である。コトバを与えなければ言語機能は凍結され、ついには破壊されてしまうだろうし、歩かさなければ歩行機能についても同じことが言えるだろう。

ところが、どんな環境を与えれば、遺伝的素質が全開するかについては、これがよくわからないのである。中世のギルドや世襲の家柄であれば、子供は無理矢理技術を修得させられる。否も応もない。大成するかどうかはやってみなければわからない。しかし、かなりの数を集めて徹底的に修業をさせれば、その中ですばらしい素質を開花させるものが必ずでてくる。これは経験的な事実である。その代わり、それ以上に落ちこぼれも沢山でてくる。落ちこぼれはどうするか。どうしようもない。五体満足で、読み書きそろばんができれば、何とか生きてはいけるだろう。歩止まりが悪いのは天才を生み出す代償で仕方がない。

今はこういうのを英才教育という。サッカーでも野球でも将棋でも、プロはみな英才教育を受けてきたはずだ。英才教育を受ける程の子供なら、そこそこの素質をもっているはずだと本人も親も思っているに違いない。練習もしたことがないのにクラスで断トツに速く走る子がいる。将棋を覚えて一年もしないうちに並の大人が勝てなくなる子がいる。将棋の歴代の名人は、中原も米長《よねなが》も加藤も谷川も羽生《はぶ》も、みなこういった子供だったという。しかし、そういう子供は他にも沢山いたのだ。その子たちの大半は同じように英才教育を受けても、名人どころかプロにもなれずに落ちこぼれたわけだ。何が違うのか。本当は才能がなかったのか。それとも今の教育システムがこの子たちに合わなかったのか。本人の努力が足りなかったのか。すべては結果しかわからず、真相はヤブの中だ。もしかしたら、空前絶後の大名人になれるはずの素質の子が、誰にも将棋を教わったことがないせいで、埋もれているかもしれない。重要なことは、どんな才能も試してみなければ開花しないことだ。

逆に才能がないのに、英才教育をしてもムダということもまた正しい。少し前、国立教育政策研究所が、子供がキレる原因のひとつは親の過干渉であるとの調査結果を発表した。能力がない子に能力以上のことを要求しても無理なのである。朝から晩までテレビばかり見ている親が、子供にテレビを見ないで勉強しろと言っても、所詮《しょせん》無理というものではないのかね。

キレるもうひとつの原因は放任と過保護であるという。欲しい物は何でも買ってもらい、我慢したことがない子供は、思うままにならない状況に直面するとキレてしまうのかもしれない。もっとも、過干渉や放任、過保護の親の下でもまっとうに育っている子供も沢山いるに違いない。親はあっても子は育つのである。それは、社会が子供の教育をある程度支えているからであろう。

最低限のコミュニケーション能力は強制的にでも教えなければどうしようもない。すなわち、読み書きそろばんである。義務教育はそのためにある。これだけあれば、さしあって生きていける。世の商売のほとんどにこれ以上の能力はいらないのだ。能力のある子供は、好きなことを自分で探してきてそれに夢中になるだろう。親や社会にできることは、足を引っ張らないことだ。バックアップできれば、それに越したことはないが。

最悪なのは、子供はみんなキラキラしたすばらしい才能をもっているという何の根拠もない予断の下に、すべての子は個性を発揮して輝くべきだ、といった愚にもつかない思い込みを子供に押しつけることだ。断言してもよいが、ほとんどの子は人並みの才能しか(すなわち何の才能も)もっていない。迷惑なことである。

人はなぜ怒るのか

将棋八段の先崎学《せんざきまなぶ》が『先崎学の浮いたり沈んだり』（文藝春秋）というエッセイ集を出した。言いたい放題のところが何とも面白く、読売新聞に書評を書いた。私には個人的に知り合いの将棋指しはいない。昔、結婚したばかりの頃、小学生の家庭教師をして、糊口《ここう》をしのいでいたことがあった。勉強は半分も教えずに、将棋を指して遊んでいた。ある時、三番たて続けに負かされた坊主が、「今度、ウチに親戚《しんせき》のお兄ちゃんがくるから、先生お兄ちゃんと指してみたらいいよ。お兄ちゃんは強いから」と言ったのだった。フン、フンと話半分に聞き流しながら、「その人何段、何て名前」と聞いたら、「何段か知らないけど、名前は森雞二《もりけいじ》」と答えたので、さすがにびっくりした。当時、日の出の勢いだったプロの将棋指しである。しばらくして名人位にも挑戦した。遊んでばかりいることがバレて、親戚のお兄ちゃんがやってくる前に家庭教師はクビになったので、残念ながら森雞二と指すことはなかった。

それで、先崎学のエッセイである。佐藤康光の悪口がこれでもかこれでもかと書いてある。佐藤康光は現在（注・エッセイ出版の二〇〇二年時点で）、王将・棋聖《きせい》（どちらも将棋のタイトル）であり、元名人であり、A級（名人位挑戦リーグ）である。先崎は、私が一番応援している加藤一二三《ひふみ》といっしょに、今春（二〇〇二年の春）、A級を落っこちて今、B級1組にいる。タイトルは取ったことがない。実績ということで言えば、佐藤康光とはかなりの開きがある。奨励会（棋士の養成機関）時代からのライバルで、ということは少年の時から互いによく知っているということである。

先崎の佐藤への悪口は、たわいのないもので、たとえば、佐藤モテ光とからかったり、あるいは佐藤が負けた時に「わんわん泣く」というウソかホントかわからないような話を誇張して、面白おかしく書いたりしている。これでは、佐藤康光は怒れまい。先崎もそれを計算して書いているんじゃなかろうか、と私は思っていた。それで新聞の書評には、佐藤は怒ってないだろう、と適当なことを書いた。ところがである。この書評を読んだ将棋界通のある人から、佐藤康光、マジ怒ってますよ、と言われたのである。

それで私は逆にびっくりしてしまった。将棋指しはヘンな人間だと思ったのである。もっとも、私は佐藤康光が本当に怒っているかどうか実は知らない（とりあえず、怒ったフリをしているのかもしれない）。小説家は評論家に文章ヘタクソと言われれば、たいがい怒るだろう。ワインの醸造家は丹精して造ったワインが、値段の割にはまずいと言われれば、やっぱりムカつくだろう。こういった評判は即商売に差し障りがあるからだ。

ところが、将棋指しは何を言われても商売に差し障りはないのである。どんなに悪口を言われても、勝てば地位は上がるし収入も増える。逆にどんなに誉められても負け続ければ廃業である。要するに人の悪口を気にする必要がないのだ。反対に他人の悪口を言っても、原理的には商売に差しつかえがないので、先崎のように悪口言いたい放題の人も出てくる。

普通は将棋指しのようにはいかない。お客様が相手であれば、ムカついても怒りを押し殺してニコニコしていなければならないだろう。かけ出しの医者は、理不尽だと思っても教授の言うことに逆らって、怒ることは滅多にないだろう。反対に、自分より目下だと思っている人間のささいな失敗やちょっとした反抗には目くじらを立てて怒るかもしれない。

そう書けば、怒るという行為はすぐれて人間的なものに思えてくるが、イヌやネコでも怒るので、怒ること自体は人間に固有な行動ではないのだ。イヌやネコが一番怒るのは、自分のエサだと思い込んだ食物を横取りされそうになった時である。これは生命にかかわることだから、怒るのは当然のような気がする。人間の赤ん坊だって、腹が減ってミルクを飲んでいる時にミルクを取り上げられれば怒る。ヒグマに襲われて殺される事件では、食物たとえば缶詰をクマに見つかるような所に置いておいて、クマに食べられたからといって、あわててテントに運び込んだ後で、という例が結構多い。クマは自分のエサを横取りされたと思って怒ったのである。人間の方は、オレの所有物だと思っていても、それはクマには通用しない理屈である。

理性は大脳新皮質の働きであるが、怒りや恐れなどの情動は大脳辺縁系《だいのうへんえんけい》の働きである。人間は過度に大脳新皮質が発達した不思議な動物であって、理性と情動を連合させることができるが、ほとんどの動物はそういうことができずに、理性抜きでいきなり情動がやってくる。今、我慢すれば、後でもっとおいしいものを食べさせてあげる、という話は赤ん坊には理解できなくとも小学生にはわかるだろう。しかし、イヌやネコにはわかるはずがない。

お客様に理不尽なことを言われて、それでもニコニコ笑っていられるのは、理性が情動を抑えているからだ。これは人間にしかできない芸当である。ある種の人々はその反動で立場の弱い人のささいな言動にむかっ腹を立てるのだろう。しかし、理性と情動が連合しながらも拮抗《きっこう》しているうちは、怒りは理性によって検証される余地があるので、「お客様だと思って我慢していたけれども、言っていいことと悪いことがある。今度、あんなことを言われたら本気になって怒ってやる。商談が潰《つぶ》れても知ったことか」と決意してみたり、「あんなに怒って悪かったかな。今度はもう少しやさしくしてやろう」と反省したりすることがあるに違いない。

悪ガキの中学生だった私は、瞬間湯わかし器という渾名《あだな》で秘《ひそ》かに呼んでいた数学の教師に、掃除をさぼったといっては怒られ、無断早退したといっては怒られていたが、ある時、足払いをかけられて廊下にたたきつけられたことがあった。次の日、瞬間湯わかし器はバツの悪そうな顔をして私のところに寄ってきて、「昨日は悪かったな」と言ったのだった。

理性と情動が拮抗して、その度に決意したり反省したりするのは、しかし心労であることは確かだろう。毎日、こんなことばかり考えていたら、ストレスがたまって早死にする。瞬間湯わかし器の消息は知らないが、もしかしたら早死にしたんじゃないだろうか。そこで、ストレスをためないためには、理性と情動を拮抗させずに、直につないでしまえばよい、ということになる。一種の条件反射である。

仄聞《そくぶん》するところによれば、かの鈴木宗男氏は選挙民の前では土下座してお願いし、官僚がささいな失敗をした時は、土下座させて詫《わ》びさせたという。ムネオ氏の心の中には、いくら選挙のためとはいえ、土下座までしているオレって、いったい何なんだろう、という葛藤《かっとう》はなかったに違いないし、エリート官僚をイヌ・ネコのように扱って、いつか復讐《ふくしゅう》されるんじゃないだろうか(本当に復讐されてしまったわけだけれど)、という疑念もわかなかったのだろう。自分の卑屈さや怒りに対する反省的意識が欠如していれば、人はストレスに悩まされることはない。ムネオ氏が元気はつらつとしていたのは、故ないことではないのである。

怒ってもいい人には怒り、ペコペコしなければならない人にはペコペコする、というのが習い性になってしまえば、ストレスは余り感じないかもしれないが、しかし、卑屈さや怒りが自分の利害とパラレルである限り、上品な生き方とはお世辞にも言えないだろう。人は、大げさに言えば、自分なりの倫理、という物語を生きる動物であるから、利害に左右されて首尾一貫した物語を構築できないような状況になると、自分の人生を楽しめないのではないか、と私は思う。

利害と関係なく他人の悪口を言えたり、誉めたりできる、ということは、だから喜ばしいことなのだ。しかし、そうは言っても、人は社会的な動物であるから、社会の中の自分の位置を全く意識しないで生きることは難しい。悪口を言いたくても言えないこともあるだろう。

それで、将棋指しの話に戻る。将棋指しも社会的な動物であることは間違いないから、言えない悪口もあるに違いないが、一般の会社員と違って、毀誉褒貶《きよほうへん》や人物評が出世や収入に影響することは原理的にはない。もちろん、オレの悪口を言いやがって、こいつにだけは絶対に負けないぞ、と思われて損するということはあるかもしれないが。先崎学のエッセイのように悪口をムチャクチャ書いても、読む方がイヤな気分にならないのは、そういう事情のせいだと思う。

もうひとつ、先崎の佐藤への悪口を私が楽しむだけ楽しんで、気分が悪くならなかったのは、将棋の実績は少なくとも今のところ、佐藤康光の方が上だからだ。逆に、佐藤康光が先崎の悪口をこれだけ書いたら、私は気分を害したかもしれない。先崎のエッセイを読むと、先崎が羽生や佐藤や郷田《ごうだ》真隆《まさたか》を友人だと思っていることがよくわかる（相手はどう思っているか知らないが）。ガキの頃からの知り合いだから当然と言えば当然であろう。

出世したガキの時からの友人をムチャクチャからかって遊ぶというのは、利害が関係しない限り、最も許される悪口のパターンだと私は思う。悪口を言われるのは、認められている証拠みたいなものだ。タイトル保持者となった佐藤康光は、将棋界の大看板であろう。先崎に佐藤モテ光と言われようと、わんわん泣くと言われようと、その地位と実力は微動だにしないはずだ。怒る理由がない、と私は思ったのである。

それが、本当に怒っていると聞いて（実は怒っているというのはウソかもしれないが）、私はびっくりした。将棋指しはヘンな人間だと思ったのである。ムネオ氏とは正反対に、理性と情動が独立しているのかもしれない。要するに、文脈や誰が言ったかに関係なく、気に入らないことは即、怒るのではないかと思ったのである。憶測で言っているので、本当かどうかはもとよりわからないが、もしそうだとしたら、将棋指しは子供の感性のまま大人になった幸せな人たちなんだ、と思ったわけである。文脈に関係なく、すぐ怒るのは子供の特徴である。

普通の人はムネオ氏と将棋指しの中間のどこかにいる。ムネオ氏の方に近くなればなる程、人間は下品になり、将棋指しに近づけば近づく程、人間は純粋になる。もっとも、純粋であることは、上品であることと必ずしも一致しない。自らの矜持《きょうじ》に照らして、怒るべき時にだけ、きっちりと怒ることができるようになれば、人間はストレスもなく、上品に楽しく生きられるのかもしれない。

エラそうなことを言っている、お前自身はどうなんだ、という声が聞こえてきた。私は世間のほとんどあらゆることに腹を立てて、気が狂いそうになっているのである。

未来のことはわからない

未来のことがわかればどんなに素敵だろうと思っている人は多いと思う。二十歳代の半ばの頃、ちょっとだけ競馬に凝ったことがある。ハイセイコーの全盛期の少し前だったと思う。余り金がなかったので馬券を買うのはせいぜい数千円止まり、どんなに確信を持っている時でも一万円以上注《つ》ぎ込むことはなかった。

たまに当たって十万円近くの大金（だったのだ）を手にすることはあったけれども、ほとんどははずれで、通算すればかなりの赤字のはずである。ノートにつけていたわけではないから、どのくらい損したかはわからない。そんなに几帳面《きちようめん》ならばもともと競馬などやりはしない。エネルギーと時間を使って損するバカはいないと思ってしまうに違いないからである。それが病みつきになるのは当たった時の快感を脳が覚えているからである。

馬券を買ったことがある人ならば、勝ち馬があらかじめわかればなあー、と思わなかった人はいないだろう。はずれ馬券を風に散らしながら、あるいはビリビリと破ってゴミ箱に捨てながら、溜《た》め息《いき》をついた人も多かろう。しかし、よく考えてみれば勝ち馬があらかじめ判明していて、すべての人にわかるようになっていれば、競馬は成立せず、当然あただけがもうけることもできないはずなのだ。ギャンブルは未来がわからないから成立する。

それでも人は、何とか勝ち馬を当てるべく様々なことを考える。血統とか過去の成績とかを参考にするのは極めてまっとうなやり方である。中にはオカルトじみたあやしげな予想もある。府中《ふちゅう》と中山の競馬場の前の路上には、昔は大道予想屋さんがいっぱいいた。最近は行ったことがないのでどうなっているか知らない。予想がそんなに当たるのなら、予想屋などやめて、秘《ひそ》かに馬券を買えばよいだろうに。だから、やっぱり予想は当たらないのである。

バブルの頃は株の予想屋も沢山いた。結構な大金を払うと、もうかる株を教えてくれたという。オレの予想はよく当たると自慢していた予想屋もいたらしいが、バブルの頃は、大抵どんな株も値上がりしたわけだから、余り自慢にはならぬ。株もまた値上がりすると思う人と値下がりすると思う人がいて、売買が成立する。絶対に値上がりする株を売る人はいないし、絶対に値下がりする株を買う人はいない。株式市場もまた未来がわからないから成立しているわけだ。株式市場が成立しなければ現代資本主義はあり得ないから、現代社会そのものが〝未来がわからない〟という事実の上に成立している。それなのに、現代社会の申し子である科学は、未来予測を完璧《かんぺき》にするべく頑張っている。科学が完全勝利を収めたあかつきには、いったい現代社会はどうなるのだろう。

昔、科学が万能であると信じられていた頃、観測精度を上げさえすれば、未来はすべて予測可能であると思われていた。いわゆるラプラスの魔である。ラプラスの魔は天体の運行のような物理現象については、ほぼ正しいと考えてもよろしいが、生命現象については原理的に当てはまらないことが今ではわかっている。だから、科学がどんなに発達しても現代社会が崩壊する恐れはさしあたってない。

二〇一九年に直径二キロメートルの小惑星が地球に衝突する恐れがとりざたされていたが、これなどは観測精度を上げれば本当に衝突するかどうか、あらかじめわかる例であろう。もっとも衝突するとわかったとして、どうするのか私は知らないが。六千五百万年前、巨大隕石《いんせき》（小惑星という説が有力である）が地球に衝突して、恐竜が亡《ほろ》びたぐらいであるから、本当に衝突したら人類もかなり危ういかもしれない。アメリカも小国相手に、戦争ばっかりしてないで、小惑星の軌道を変える技術開発でもした方がいいんじゃないだろうか。未来がわかって意味があるのは、対処する方法がある時だけだ。わかってもどうにもならない未来は、わからない方がよいこともあるのだ。

現代人は未来がわかるという前提の下で生きているヘンな動物である。会社の社長や重役であれば、半年後までの予定が手帳にびっしりと書かれているはずだ。重大なことはすべて手帳に書いてあると本人は思っているかもしれないが、死亡予定日は書いてないし、病気になる予定日も書いてない。昔、家のローンを組んだ時、昭和八十何年だかの完納の月までの毎月の返済額を記した長い書類が送られてきてあきれた。昭和は六十四年までしかなかったし、私は途中でローンを全額返してしまった。未来のことはあらかじめわかるわけではない。

何年何月何日に死ぬとわかっていたら、人生はずいぶんと殺伐たるものになるのではないかと私は思う。高校の頃、Y君という友人がいた。ごく親しいという仲ではなかったが、休み時間などにたわいない話をしたのを覚えている。一番覚えているのは、女と一回もやらないで死ぬのは切ないなあ、と彼がしみじみと言ったコトバである。ナイーブでシャイな男の子だった。彼とは一年の時同じクラスで、二、三年は別のクラスだったから、この発言は高一の時のものに違いない。Y君は卒業を待たずに死んでしまった。付き合っている女の子がいたという話は聞かなかったから、望みはもしかしたら果たされなかったかもしれない。高校を卒業できずに死ぬとわかっていたら、Y君は勉強などせずに女の子とやりまくっただろうか。

二十九歳で夭折《ようせつ》した天才棋士《きし》・村山聖《さとし》がY君と同じことを言ったという。『聖の青春』(大崎善生著、講談社文庫)と題する本に書いてある話だ。言った相手は前の章に書いた先崎学。村山は生きている間に名人位に手がとどくと思って、つらい病気の体を押して頑張ったに違いない。名人になれずに死ぬとわかっていたら、数々の名棋譜は生まれなかったかもしれない。未来がわからないということは、実は生きていることと同義なのだと思う。

生と死は、一見正反対の概念のように思われるが、本当は全くレベルの異なるものなのだ。死は確定的な事実であって、もはや変更することは不可能である。生は確定的な事実ではなく、現在進行形のプロセスである。過去はすでに決定されて変更はきかないが、未来は今まさに選びつつあるのだ。未来がすべて厳密に決定されているとしたら、生命はそこにはない。だから、なるべく未来が未決定であるかのような人生の方が、より生き生きしているのではないだろうか。

たとえば、死刑囚のことを考えてみよう。この人に何か希望はあるのだろうか。とりあえず明日まで生き延びたら、弁護人が何かいい便りを持ってくるかもしれない。あるいは大地震が起きて刑務所が倒壊して、ドサクサまぎれに脱走できるかもしれない。今度、差し入れてくれる本はエキサイティングかもしれないし、書きかけの小説あるいは手記を死刑執行までに書き終えられるかもしれない。たとえ、死刑囚といえども生きている限り、未来は未決定なのである。

死刑執行の日時はその日まで本人には知らされないという。執行の日をあらかじめ知らせるのは、ある意味では死刑そのものより残酷である。未決定の未来がその分減るからである。もっとも、日本のように、死刑が確定してから長い間執行が猶予されている場合、十三年後の三月三日に死刑執行と告知されても、その時点では別にどうということはないかもしれない。しかし、あと五年、あと三年、あと一年、あと半年、あと三ヶ月、と指折り数えて殺される日を待つのはなかなかしんどいであろう。特にあと一ヶ月を過ぎてからのカウントダウンは死にたくない身にはこたえるに違いない。

イヌやネコには未来予測という観念はない。動物は山火事や地震を予測して逃げると言われているが、もしそれが本当だとしても、未来予測という観念があるためではないと思う。動物は現在の状況に反応して行動しているだけだ。未来の異常を予測しているのではなく、現在がすでに異常なのだ。食われるために飼われているブタやウシでも、今現在は楽しそうに生きている。もちろん、それは未来予測という観念がないからである。

人間は完璧に未来がわかることはないにもかかわらず、ある程度の予想はできる。それが人間に生きる勇気と希望を与えてくれる。未来予測が正確になればなる程、生きる楽しみは薄れてくる。特に悪い予想の場合はなおさらである。

ハンチントン病という致命的な遺伝病がある。四十—五十代で発症して神経がやられ、死を迎える。治療法は今のところない。片方の親がこの病気だった場合、確率的に子供の半分は病気になる。遺伝子診断をすれば、将来、発症するかどうか確実に予測できる。もちろん、発症の年齢と死ぬ時期を確実に予測できるわけではないが。あなたの両親のどちらかがハンチントン病だとして、あなたは遺伝子診断を受けるだろうか。悩ましいところだねえ。アメリカでは受けない人の方が多いという。治療法がないのだからわかってもしょうがない、と思う人が多いのだろう。正しい考えだと私は思う。

　家族性大腸がんという遺伝病がある。こちらも遺伝子診断をすればすぐにわかる。ハンチントン病と異なるところは、延命法が少しはある点だ。腫瘍マーカーを数ヶ月おきにチェックして、危ないとなったら、大腸を取り除いてしまうのだ。それで一〇〇パーセント助かるというわけではないが、延命効果はある。但し、患者の日常生活は不便になる。患者は常に死の恐怖にさいなまれながら、苦しい治療を受け続けることになる。強い精神力がないと耐えられないかもしれない。

　同じような話は遺伝性の乳がんについても当てはまる。乳がんになる前に乳房を切除するという予防法がある。悩ましいのは放っておいても乳がんにならない場合があることだ。遺伝子をチェックして一〇〇パーセント乳がんになるというのであれば、適当な時期に乳房を切除するという決断はし易い。しかし、五〇パーセントと言われるとねえ。考え込んでしまう人が多いのではなかろうか。

　これは特殊な人たちだけの話では実はない。重大な病気にかかった人は、多少とも同じような局面に出くわして悩むのである。死の恐怖にすくんでうつになってしまう人。病気のことはすべて医者まかせにして、仕事や遊びに専念する人。自分の病気を客観的に知る努力を怠らずに、最善の治療法を模索しようとする人。いずれにせよ、一〇〇パーセントだめだと思った時点で、生は事実上終わってしまうことは確かだ。未来は未決定だと思えるうちは、希望がある。

私の母親は死ぬ直前まで、つゆ、死ぬとは思っていないようであったが、いよいよという段階になって、私に口述筆記を命じた。最初のコトバは、私の人生はおしまいです、というものだった。夏目漱石は、臨終の床で、もう泣いてもいいよ、と家族に言ったという。

未来がないと覚《さと》った時、人は本当に死ぬのである。

人はどこまで運命に抗えるか

北朝鮮（朝鮮民主主義人民共和国）が〝ひとさらい国家〟であることは周知の事実であったが、最初の小泉首相との会談で、金正日《キムジョンイル》はついに自らそのことを認めて、謝罪したという。拉致《らち》の事実はない、と白を切り続けていたのがウソのような、すごい豹変《ひょうへん》である。日本からの経済援助を得るためには、なりふりかまっていられないほどに国力が疲弊しているのだろう。

誘拐した人の安否情報と引き換えに、金を取ろうというのは、身代金目当ての誘拐である。北朝鮮の国内で、民間人が同じことをして捕《つか》まったら、極刑に処せられるだろう。それを国家ぐるみでやる。ブッシュがイラク、イランと並んで悪の枢軸と断定したのもむべなるかなという気がする（イラク、イランについてはよく知らないが）。現在のところ、主権国家より上の政治的権力はないので、国家の指導部が国家の名の下にムチャクチャなことをしても、革命が起こるか、他国に攻撃されて崩壊する以外は、これを咎《とが》める術《すべ》はない。

主権在民の国家であれば、国民の安全保障は国家の第一の義務である。単純に言えば、国家は国民の道具である。しかし、独裁者が君臨する国家では、国民は独裁者の道具になってしまう。最初は理想に燃えていても、最後は自らの延命のためには、国民がどれだけ犠牲になろうと知ったこっちゃないと考えるのが独裁者の常であろう。ソ連軍にベルリンを包囲されたヒトラーは、地下の執務室から、全軍に向けて、自分を救出せよ、という命令を発したという。もちろん、援軍など来るはずもなく、絶望したヒトラーは自殺をする。

何百万人もの人間を殺した独裁者の絶望に同情の余地はない。しかし、独裁者が独裁者たり得るのは、独裁を支えるシステムのおかげである。システムを支えている人間たちに罪はあるのか、ないのか。たとえば、あなたがたまたま北朝鮮に生まれてしまったとしよう。独裁とのかかわりで言えば、あなたには大きく分けて三つの道しかない。ひとつは独裁を打倒する道であり、ひとつは亡命する道であり、ひとつはこのシステムの中で何とか生き延びる道である。最初の道を選んだあなたは、成功すれば歴史に名を留《とど》めるかもしれないし、人々の賞賛の的になるかもしれない。しかし、失敗すれば待ち受けているのは間違いなく死であろう。成功する確率は恐らく万にひとつもない。

二番目の道も最初の道ほどではないにせよ、リスクが伴うことに変わりはない。うまく亡命できたとしても、亡命先で首尾よく生活できるという保証はないし、外国の情報がほとんど入ってこない北朝鮮の国内に住んでいれば、そもそも亡命先の国情はわかりようがない。結局、ほとんどの場合、三番目の道を選ぶより仕方がない。三番目の道を選ぶことは独裁を支えるシステムの一員になることに他ならないが、それは犯罪の片棒をかつぐことだ、と言われても、他に生きる方法がなければどうしようもない。

心ならずも、自分の望まない状況に置かれた時、人はどうふるまえばよいのか。あるいは運命のいたずらにより、のっぴきならない状態になったのを知った時、人は自分の運命とどのように切り結べばよいのだろうか。

たまたま、ヒトラーに愛されヒトラーを愛してしまったエヴァ・ブラウンは、ベルリンの地下室で、正式の結婚をした次の日、ヒトラーと共に自殺をする。世紀の大悪党と相思相愛の仲になってしまったのはエヴァ・ブラウンの罪なのだろうか。地下室に籠《こも》ったヒトラーのもとへ行き、ヒトラーと運命を共にしたのはエヴァの意志だったのかもしれない。しかし、それ以外の選択肢が彼女にあったとは思えない。ヒトラー自殺の直前、ムッソリーニの愛人はムッソリーニと共に処刑され、死体は惨《むご》たらしく晒《さら》された。もしエヴァ・ブラウンがヒトラーと共に自殺をしなくとも、悲惨な最期になったかもしれない。そうなったとしても、それは彼女に落ち度があったためではないだろう。エヴァ・ブラウンもまたヒトラー独裁の犠牲者の一人であったことは間違いない。

たとえば、もしあなたの身内が殺人者になってしまったとしよう。我が子の殺人に親はどこまで責任があるのか。親と子は別人格なのだから、合理的に考えれば、親に責任は全くないはずだ。しかし、多くの親は世間に頭を下げるだろう。「私が殺したわけではないから、私は謝るつもりは全くない。私にとっては親孝行ないい息子だった」と公言すれば、恐らく世間からごうごうたる非難を浴びるに違いない。坊主憎けりゃ袈裟《けさ》まで憎し、というのは人間の自然な感情なのだろうが、当事者にしてみれば迷惑なことだ。

あるいは、刑事事件を起こして懲戒免職になった人の妻子のことを考えてみよう。妻子に収入がなければ、翌日から生活に困窮するだろう。夫や父がバカなことをしたのは妻や子の責任ではない。死ねば退職金は出る。退職金は遺産相続という形で妻子の手に入る。夫や父が懲戒免職になれば、世間から白眼視されるばかりでなく、生活にも困る。自分の責任でもないのに理不尽なことである。夫や父が悪いことをしたのだから、妻子が困るのは当然だ、と世間は思っているのかもしれないが、よく考えればこれは、妻や子は夫や父の従属物だと思っている証拠ではないか。懲戒免職の際の退職金は、扶養家族がいる場合は、家族に支払われるべきだと私は思う。犯罪者の家族も、被害者とは別の意味で犠牲者なのだから。

本当は犠牲者なのに、なぜか世間は白眼視する。それはもしかしたら、自分がそういった目に遭うかもしれない可能性を考えたくないための、一種の合理化なのかもしれない。北朝鮮に拉致された田口八重子さんは、大韓航空機爆破事件の犯人の一人とされる金賢姫《キムヒョンヒ》の教育係、李恩恵《リウネ》とされる。田口さんの親族は、爆破事件以来、加害者の家族のごとく嫌がらせを受けたこともあったという。しかし、拉致されて自由を奪われ、何かを強制されれば、普通の人は従わざるを得ない。たとえ、結果的に犯罪の片棒をかつぐようなことになろうとも、それは本人の責任では全くない。

そういう意味では、大韓航空機爆破事件の実行犯も、拉致を実行した工作員ですら、ある意味では、国家的犯罪の犠牲者なのかもしれない。エジプトには少し前まで、古代エジプト王の墓の盗掘を代々の生業《なりわい》にしていた村があったという。不運にもこの村に生まれてしまった子は、親を手伝って盗掘の技術をみがくより他に、さしあたってどんな選択肢があるというのだろうか。

戦中の日本の軍隊では、生きて虜囚《りょしゅう》の辱めを受けず、と教育したという。単純に言えば、捕虜になるくらいなら自殺せよ、ということだろう。国民を国家の道具と思っていれば、役立たずになった人間は早く死んだ方がよいのだろう。しかし、捕虜にならずに、天皇陛下万歳と叫んで自死したのは、よほど奇特な人に違いない。陸海軍を統帥した大元帥（昭和天皇のことだ）自らが、戦争に敗れて自死するどころか、退位もせず天寿を全うしたのだから、何をか言わんやである。人はどんな状況になっても、死ぬよりは生きることを選ぶ権利があるのだ。

生きて虜囚の辱めを受けず、と似たようなのは、敵の男に凌辱《りょうじょく》されるぐらいなら自死せよという話であろう。こういう話を聞くと、女は男の道具だと昔の男たちは考えていたんて自死した女は、捕虜にならずに天皇陛下万歳と叫んで死んだ男より少ないに違いない。旧日本軍の戦陣訓のようなものにすべての人が忠実であったならば、人類はすでに亡《ほろ》んでしまい、もう地球上にはいないと思う。

歴史から学べる教訓は二つしかないと私は思う。すべての政治システムは崩壊したことと、どんな政治的な洗脳も生きようとする盲目の意志には勝てなかったということだ。アメリカとの戦争に敗れた時、欲しがりません勝つまでは、と言っていた多くの日本人は瞬時に、欲しがります負けた途端、に変わってしまった。ごく一部の奇特な人を除いて、マスとしての人間は利己的でずるく、どんな状況であれ、どんなシステムであれ、その条件の中で最もうまく立ち回ろうとするのだろう。それは独裁システムを支える条件であると同時に、いかなる思想も倫理も道徳もマスとしての人々の心に定着することはあり得ないということでもある。

だから、金正日体制が崩壊したら、ほとんどの北朝鮮の人々は〝主体思想《チュチェ》〟など三日で忘れ、延命のための新たな安定点へ向かって滑っていくに違いない。それは善悪の問題ではなく、起こるべき単なる事実に違いない。しかし、だからと言ってそのことは、心ならずも北朝鮮に拉致されて、過酷な運命に見舞われた人々とその家族の無念さを癒《いや》しはしない。

北朝鮮に拉致《らち》された人々のある者は、頑強に抵抗して殺されたかもしれないし、ある者は利用されて口封じのために殺されたかもしれない。また別のある者は、金正日体制に忠誠を誓って（誓うふりをして）延命を図ったかもしれない。どんな選択をしたにせよ、彼らの選択にいちゃもんつけたり、甲乙の評価をつけたりする権利は誰にもない。

一九五三年の冬、スターリンの死去に伴う特赦により、石原吉郎はシベリアでの強制労働から解放されて日本に帰ってくる。いわれのない戦犯の汚名を着せられ、本来、誰かが背負うべき〝戦争責任〟をともかくも自分が背負ったのだという自負を胸に日本に帰ってきた石原に、世間の仕打ちは冷たかった。石原は次のように書いている。

しかし、私自身が一応のおちつき場所を与えられ、興奮が少しずつさめてくるに従って、次第にはっきりしてきたことは、私たちが果したと思っている「責任」とか「義務」とかを認めるような人は誰もいないということでした。……中略……私たちはもう完全に忘れ去られ、無視されて行ったのです。

ところが、完全に忘れ去られたと思っていた私たちを、世間は実は決して忘れてはいなかったのだということを、はっきり思い知らされる日がやってきました。私ばかりでなく、ほとんどの人が「シベリヤ帰り」というただ一つの条件だけで、いっせいにあらゆる職場からしめ出されはじめたのです。

（『石原吉郎詩集』思潮社・現代詩文庫、一二六頁）

過酷な運命に抗《あらが》って、かろうじて矜恃《きょうじ》を保とうとする石原の精神から、戦後最大の詩業（だと私は思う）が生まれたことは確かである。それは文学にとっては幸運なことだったかもしれないが、石原吉郎が不幸であったことに変わりはない。北朝鮮に拉致された人々の未来がどうか幸福でありますように。

自殺をしたくなったなら

不況のせいか、中高年の、それも男性の自殺が増えているという。自殺をするのは動物界広しといえども、どうやら人間だけのようだ。ワニは余り長生きしすぎると、生きていることに飽きるのか、絶食を続けて自ら命を絶つとか、あるいは、レミング（タビネズミ）は集団で海に飛び込んで自殺をするとか、まことしやかな話はいくつかあるが、いずれも、自らの意志で命を絶つということとは異なるようだ。ワニもレミングも自殺をするには脳が単純すぎるのだろう。

自殺は、ダーウィン進化論の立場からすると理解困難な行動である。形質や行動が自然選択の結果進化したとの立場を採ると、自殺がなぜ存在するのかわからないからだ。ダーウィン的進化論によれば、少しでも適応的な形質や行動は自然選択の結果残存し、非適応的なそれらは淘汰《とうた》されて消滅してしまわなければならない。適応的とは約《つづ》めて言えば、子孫を沢山残す能力があるということだから、自殺は一般的に言えば適応的な行動とは言い難い。特に自分の子供を道連れの自殺というのは、明らかに非適応的な行動であろう。子供を道連れにしてしまえば、子孫を残すことは不可能になってしまう。

自殺が適応的な行動となる状況も、もちろんある。それは自分の子や孫と一緒にいて、食糧が絶対的に不足する時である。自分がすすんで死んで食糧を子や孫に与えて、子や孫が生き延びることができれば、これは適応的な行動となろう。イヌイット(エスキモー)がわずかな食糧と共に老人を置き去りにすることや、日本でも昔みられたという姨捨《おばすて》には、適応的な意味があると考えられるが、これを自殺と言うには、やや無理があろう。

ほとんどの自殺は非適応的か、適応とは無関係であろうから、ダーウィン進化論で解釈するのはやっぱり難しい。自殺は恐らく、脳が巨大になった副産物であり、それ自体には適応・非適応という文脈での進化論的な意味はないのだろう。

高等な類人猿は別として、動物には未来とか希望とかの観念がないと思う(あるいは、あっても極めて希薄に違いない)。未来に希望を感じることもなければ、絶望することもない。同時に、自己の死という観念もないから、死を恐れることもなければ、自殺もない。死は病気か事故か他の動物に食われる以外は起こりようがない。死の観念をもてあそぶには脳が余りにも小さすぎるのだろう。

動物にも、もはや生きることはできないと本能的に悟ることはあると思う。ゾウが死期を悟って群れを離れるとか、ライオンにたおされた草食獣がもはや抵抗するのをあきらめて、つぶらな目をして自分の内臓が食われるのを見ているとかは、そういった例だと思う。

前にも書いたけれども、人間も肉体的な死期を悟って生き続けることをあきらめれば、ほどなく死んでしまう。この段階になれば、死の観念も死の恐怖も余りないだろう。生き続けられなくなった先にあるものは、死には違いないが、具体的な死は死の観念ではない。

肉体的な死期を悟る前の人間、すなわち肉体的な死に直面していない人間にとって、逆に自己の死は観念でしかない。そうであれば、自殺をする人にとって、死とは具体的な肉体の死ではなく、観念としての死である他はない。自殺とは、脳が未来はないと悟って肉体を道連れにする行為である。脳は充分に機能しているわけだから、肉体としての脳に未来がないわけでは決してない。脳が勝手に未来はないと思っているだけである。

二〇〇一年の日本全国の自殺者は三万一千人強であるという。実に交通事故死者の三倍である。自殺者の七割は男だ。免疫学者の多田富雄は、男は現象、女は実体、という名言を吐いたが、男は実体を無視して、観念をもてあそぶことが女より多そうだと考えれば、この数字はうなずける。むしろ、この数字が男は観念の生き物であることを物語っていると言えそうだ。

自殺者は圧倒的に男の方が多いが、自殺未遂者は多分、女の方が多いと思う。男の自殺は、脳が、未来はないと勝手に絶望する観念としての死であるが、女の自殺未遂はかなりおもむきが異なるのではないか。邪推をするに、女の（男でも同じ場合もあろうが）自殺未遂は生きる手段であって、死ぬのが目的ではない場合が多いのだと思う。ありていに言えば狂言である。

たとえば、恋愛関係のもつれから、女が自殺を試みることがよくあるが、未遂に終わることの方が多いのではないかと思う。死ぬのが目的ではなく、男の注意をひくのが目的であれば、実際に死んだら元も子もない。可哀そうだと思って男（や周囲の人々）が振り向いてくれれば目的は達せられるわけだから、未遂でなければ困るのだ。自殺未遂に常習者がいるのは、だからわかるような気がするのである。一回死ねば終わりだから自殺の常習者はいない。さすれば、自殺未遂常習者がついに自殺をしてしまった時は、自殺未遂に失敗した果ての事故死と考えた方がいいのかもしれない。

自殺未遂常習者にも、もちろん同情すべき余地はあるだろうが、それより可哀そうなのは、脳が未来に絶望して確実な死を選ぶ自殺者である。自殺者の七五パーセントは四十―六十歳代の人である。不況とリストラにあえぐ中高年の男の人が、日本の自殺者の大半なのだ。先進国で自殺率がこんなに高い国は他にないと思う。交通事故の予防も成人病の予防も大切だろうが、自殺の予防だって大切だろう。国も世間も自殺者に冷たいんじゃないだろうか。というわけで、以下、自殺をしたくなったらどうするか、についてエラそうに書くことにする。

全くのどん底になった人は案外自殺をしないようである。無一文、妻子なしといった人は失うものは何もないから気が楽で、自殺をしようという気分にはならないようである。

あるいは全くの無気力の人も自殺はしないようだ。躁《そう》うつ病の人は割に自殺をし易いが、躁の時はもちろん、うつの時も自殺は滅多にしないようである。躁の時は気分が高揚していて自殺など無縁であろうし、どん底のうつの時は、自殺をする気力さえないようだ。危ないのは、うつから躁へ移る時らしい。気分はうつのままなのに、ちょうど自殺をするぐらいの元気が出てくるみたいだ。

　中高年の男の人が自殺をしたくなる典型的なパターンを考えてみよう。たとえば、次のような事例。これは毎日新聞に連載された「サラリーマンと呼ばないで――失業からの脱出」と題されたシリーズものの第一回、「クビを『通告』された」というTさんのお話である（毎日新聞、二〇〇二年十月二十一―二十五日、五回連載）。

　雪印乳業のマレーシア事務所長だったTさんは、クアラルンプール郊外にあるオフィスで東京本社からやってきた人事部長に早期退職を促された。雪印乳業は相次ぐ不祥事で収益がガタ落ちし、Tさんはリストラの対象者になったのだ。人事部長は今なら退職金が千九百万円割り増しになるという。五十三歳のTさんの年収は千二百万円。千九百万円は一年半で稼げる額だ。いい条件ではないとTさんは思う。

　妻は、今時、再就職は難しいのだから絶対に辞めないでと言う。社内で終着駅といわれている消費者相談センターでもいいから置いてほしい、と申し出るTさんに会社は冷たい。早く辞めてほしい、と言うばかりである。Tさんには当然、自負もあれば矜持《きょうじ》もある。勤続三十一年五ヶ月。会社のため客のために頑張ってきたという思いは強い。自分が不祥事を起こしたわけでもないのに、何で辞めなければならないのかと思う。そう考えると、冷たい会社にだんだん腹が立ってくる。妻も、そんなに冷たい会社ならと納得し、結局は希望退職に応じることにした。

この段階で希望退職に応じないという感性の人も少数ながらいると思う。辞めなければ恐らく会社は色々といやがらせをして、辞めたくなるような状況に追い込んでくるのだろう。そういう状況になった時に、憂うつにならないでいられるコツは、人生観を変えることだ。今まで会社のために働いてきたのだから、今度はオレ（ワタシ）のために会社が働けばよいと考えればよいのだ。古いコトバを使えば転向である。うまく転向するのが自殺をしないコツである。転向をしてしまえば、左遷されてもいやがらせを受けても、カエルの面にションベンで心軽やかに生きられると思う。逆に言えば、会社に何度も肩をたたかれても、ヘラヘラして辞めない人は、自殺をする恐れはまずないということだ。

さて、辞めたTさんはどうしたか。最初のうちは楽観していた。問題を起こしたとはいえ、雪印は有名企業だ。しかも雪印の負担で、就職先が見つかるまで、再就職支援会社が世話をしてくれる。必ずいい働き口があるはずだ。しかし、世間は甘くはなかったのだ。有名企業には書類審査ではねられ、たまに面接をしてもらえても話を聞くだけで終わり、雪印出身というだけで断られることもあった。再就職活動をはじめてから五ヶ月の間に、書類を提出したのは二十七社、面接をしてくれたのは七社だけだった。

このまま就職できないのではないかという不安がよぎり、死んだら楽になるだろうなと思ったこともある。退職金はある。死ねば保険金も出る。子供も成人している。いっそ死んでしまおうか、というわけだ。年収千二百万円ももらっていた一流企業の管理職だった人が、出口のない就職活動をしていたら、それは気が滅入《めい》るだろうなと思う。自殺したくなる気持ちもわかる。しかし、それは今までの価値観のまま進もうとするからそう思うのである。肉体や生活はまだ何でもないのに、脳が勝手に未来はないと判断してしまうのだ。生き方の転向ができない人は、自殺をする以外の選択肢がないと思い込んでしまうのだろう。これは中高年男性の自殺の典型的なパターンである。

幸い、Tさんは再就職が決まる。食品会社で営業マンを束《たば》ねる役だ。年収は半減したが、やりがいのある仕事だ。定年までの六年間を客のために尽くそうと思う。「自分を信じて最後まであきらめないでほしい」。それがTさんのメッセージである。ほっとする話だけれども、Tさんは年収こそ半減したが、大転向をしないで済んだから、そう言えるのではないか。中にはついに再就職に成功しない人もいると思う。そういう人はどうするのか。大転向をする他はないではないか。

客のために尽くしてきたオレはバカだった。今日からは自分のために生きるぞ。金はなくとも餓死しなけりゃそれでよい、という生き方だってあるのだ。重要なことは、今の状況を正確に判断し、過去に囚《とら》われずに生き方を選ぶことだ。舶来のコトバで言えば、それはプラグマティズムということだ。一番大事なのは、国でも会社でもお客様でもなく、あなたと家族の生活である。

プラグマティズムの達人、鶴見俊輔《しゅんすけ》は近刊の『読んだ本はどこへいったか』（潮出版社）の中で「一貫性などというものは、小人の心に宿るお化けみたいなものだ」というエマソン（十九世紀のアメリカの思想家）のコトバを紹介している。

自殺しそうになったら、転向してもいいいんだよ。おとうさん。

強者の寛容について

大学の教授会で人事をやる。最近は評価を客観的にしなければいけないという、おかしなイデオロギーが流行《はや》っているので、ゴミのような論文ばかり増えて困る。客観評価と言うのであれば、今までに書いた論文の重さを量って、五百グラム以上は助教授、一キログラム以上は教授と決めておけば簡単だと思う。そうなると学会誌は重いアート紙で作られるようになるかもね。評価というのは、結局は人間がやるものなのだから、何らかの人間的な価値基準（すなわち主観）が入るのは当然で、客観評価というコトバは語義矛盾なのである。

客観評価というのは、だから主観評価をかくすための方便なのかもしれない。人事はまず大体根回しからはじまる。この際、人事に賛成したり反対したりする根拠は、客観評価などでは絶対ない。候補者に対する個人的な好悪である。好悪は客観ではないので、政治的に解決するよりない。これを根回しと称する。時にはどんな人事にもおおむね反対という輩《やから》がいる。一般に、教授の中には後輩の昇進にどちらかというと寛容な人と、どちらかという非寛容な人がいる。それは人間だから色んな人がいるのは当然であろう。

先日も集中講義に見えた某大学の教授とそんな話をした。自分の大学の教授たちとは、生臭くなるのでそういう話はしないのである。下積みが長くて、苦労してやっと教授になった人は、苦労している後輩にやさしいかと言えば、そういう人は案外稀《まれ》で、後輩のすみやかな昇進を余り快く思わない人の方が多いみたいだ、ということで意見の一致をみた。オレがこれだけ苦労をしてやっと教授になったのに、のほほんとしてさしたる苦労もせずに若くして教授になる奴を、何となく許せないような気分になるのであろう。嫉妬《しっと》や怨念《おんねん》やルサンチマンはごく一部の聖人君子以外はどうにも昇華できない感情であると私は思う。定年間際にやっと教授になった人が、若くして教授になった後輩を、口では祝福しても心の中ではコノヤロウと思っていたとしても、だからその人が人格的に劣っていることにはならないと思う。後輩にやさしいのはむしろ、若くしてさっさと偉くなった人に多い。もっともそういう人の中には極めて権威主義的になってしまう人も時にはいるけれども。他人に寛容であるためには、ある程度の余裕がどうしても必要な気がする。

すべての人が自由で平等であるべきだ、とのたてまえが、グローバル・スタンダードになったのはつい最近のことで、人類は長い間、人は生まれながらに身分の上下があるという社会で生きてきたのである。身分制はもちろん現在の常識に照らせばよくない制度ではあろうが、社会の安定には相当に貢献した制度であることは間違いない。そうでなければ、あれほど長い間存続し得たはずがない。

それで、身分制度の下で生活していた人は不幸だったのかと言えば、必ずしもそうとばかりは言えないと思う。むしろ、相対的に幸福な人の割合は多かったのではないかという気がしないでもない。前章にも書いたけれども二〇〇一年の日本全国の自殺者は三万一千人強である。二〇〇三年はさらに増えて三万五千人に迫るのではないかと言われている。人口比にすれば、恐らく江戸時代より多いだろう。確かに平均寿命は飛躍的に伸びたし、餓死する者もほとんどいない。物質的には恵まれているに違いないが、それは精神的に幸福になったことを必ずしも意味しない。

個人の人権を等しく擁護し、原則平等な現代社会は、容姿や親の地位や財産などを含めて、能力のあるものにはとても有利であるが、能力が足りないものにはかなり厳しい世の中である。能力は元々不平等であるため、原則平等を強調すればするほど、能力のないものにはつらいことになる。厳格な身分社会では、同じ身分でありさえすれば、能力に少々差があっても暮らし向きにそれほど差がつくわけではない。能力が有り余っている一部の人には不満でも、大部分の凡庸な人にとっては厳しい競争社会よりはむしろ精神的には楽であろう。同じ身分の人に対する嫉妬はあっても、身分の上の人に対する嫉妬は余り生じなかったであろう。人々は分《ぶん》を守り、分に安んじて、日々の暮らしの平穏無事を祈っていたのであろう。

原則平等の社会は、昨日まで自分と同じような暮らし向きのものが、一夜明けたらスーパースターになることが可能な社会である。逆に言えば、なれるかもしれないスーパースターにほとんどの人はなれない社会でもある。身分制の社会では、どんなに才能があっても、どんなに幸運でも庶民が殿様になれることはあり得ない。前者は勝ち負けのはっきりした社会、後者は原則として勝ち負けがない社会である。善悪の問題は別として、後者の方が社会としては安定している。

なぜ安定している社会制度が崩れたかというと、恐らく外部と競争せざるを得なくなったからであろう。外部と競争するためには、身分が上というだけの理由で無能な人に重要な仕事をまかせるわけにはいかない。適材適所に人を配置しなければ、組織は立ちゆかなくなってしまう。日本が江戸時代の二百六十年余りにわたって、かなり厳格な身分制度を保持できたのは鎖国をしていたおかげであろう。現在、世界はアメリカ発グローバリゼーションの傘下にある。特に経済は完璧《かんぺき》にその支配下にあるといっても過言ではない。グローバル経済の原理が競争原理である以上、厳格な身分制度を保持するのは、北朝鮮のように鎖国でもしなければ無理であろう。それでもグローバリゼーションの波は否も応もなく押し寄せてくるから、ああいう悲惨なことになるのであろう。

私は別に身分制度が民主主義よりすぐれている制度であると言うつもりは全くない。万人は自由で平等であるべきだ、との命題はたとえフィクションでも、これ以上のフィクションは私には思いつかない。ただ、この命題は人の能力までが平等であることを保証しないから、競争原理だけに社会をまかせれば、一部の勝者と大部分の敗者を帰結することになる。敗者の嫉妬と怨念とルサンチマンは、人々は平等だという価値観が流通している社会では、身分制が機能している社会とは比べものにならないくらい大きくなるであろう。それを和らげるのは勝者の寛容以外にない。

勝者の寛容はノブレス・オブリージュ（高貴な人の義務）だと私は思う。上の教授にいじめ抜かれてやっと教授になった人に、後輩に寛容になれというのは、なかなか難しいものがあると思うが、さっさと偉くなった人は、余り葛藤《かっとう》を感ぜずに下のものに寛容になれるに違いない。弱者は非寛容でもやむを得ない面があるが、強者は寛容でなければ、競争社会は安定を失って、犯罪とテロが多発することになろう。

それで話はアメリカである。桜井哲夫は『アメリカはなぜ嫌われるのか』（ちくま新書）の中で、アメリカは、単純化して言えば適応（適者生存）と平等の二つの近代的概念によってなりたっている原理主義国家であると規定し、ここ十年、平等概念は片隅に追いやられ、適応概念ばかりの国になったと述べている。原則平等、自由競争で突っ走ると、勝者は益々勝ち易くなり、一度敗れたものが復活して再浮上するのが難しくなるため、少数の有産階級と多数の無産階級に社会は分裂してしまう。

アメリカはすでに経済的には実質的な階級社会に入っているらしい。人口の一〇パーセントの人々が株式の九〇パーセントを所有し、ビル・ゲイツはたった一人で、アメリカ国民の下層四〇パーセントの全資産に相当する資産を持っているという。アメリカ国内でさえこの格差なのだから、世界に敷衍《ふえん》化したグローバル経済の帰結として、持つものと持たざるものの格差は、世界的に見るならば、天文学的な開きとなろう。

それはたとえば、現代に奴隷制をもたらすものだ。『グローバル経済と現代奴隷制』(ケビン・ベイルズ著、大和田英子訳、凱風社)を読んで、私はいささかびっくりすると同時にさもありなんと思った。本書によれば現代奴隷制を支えるものは、人口爆発、経済のグローバル化、そして官憲の腐敗の三要素である。奴隷制など過去のものか、それともSMの世界の遊びだろう、と多くの読者は思うに違いない。現代には超貧乏人はいるかもしれないが奴隷はいないと。

確かに、主人の私的所有物として規定され、命までもが主人の意のままという古典的な奴隷はいないかもしれない。しかし、市場経済における競争原理がコストを切りつめることに躍起になり、最安値の原料と最安値の労働力を求めて第三世界に侵入すれば、実に巧妙な手口を使って(たとえば借金でがんじがらめにして)、奴隷労働者が出現するであろうことは見やすい道理である。我々はスーパーで最も安い製品を買うことによって、知らず知らずのうちに現代奴隷制の存続に協力しているのかもしれないのである。

先進国では野鳥を一羽殺してもごうごうたる非難を浴びるが、結果として現代奴隷制に協力しても決して非難を浴びることはない。前者は被害と加害の関係がはっきりしているが、後者の加害者は余りにも多すぎて、何が何だかわからないからである。現代奴隷制に代表されるすさまじい不平等はグローバル経済というシステムの犯罪だからだ。このシステムに最も責任のあるのは、その発信基地であるアメリカの政府であろう。自由競争と平等という二つの原理は相補的であることによってかろうじて安定を保つ。競争原理だけを擁護して、結果平等を顧みなければ、弱者の怨嗟《えんさ》は犯罪やテロとなって顕現するのは必定《ひつじょう》である。

グローバリゼーションで最もいい思いをしているのは、アメリカの特権階級であろう。ならば、その見返りとして、世界の弱者に対して、いくら寛容であっても、寛容であり過ぎるということはないだろう。しかるにブッシュのアメリカは何をしたか。テロは悪い。それは当たり前のことだ。しかし、世界最強の軍事力を背景に、負けることの絶対にない戦いを正義の戦争と称してはじめようとするのは、どう考えても最悪の選択としか言いようがない。

アメリカにはアメリカの言い分があるのであろう。正しいことと正しくないことがはっきり分けられると考える人の割合は、先進国のうちアメリカが圧倒的に多く、五割に達するという。しかし、自らが正義と信じるだけでは、その正義は所詮《しょせん》ローカルなものに過ぎない。寛容を失った正義はただの暴力である。ブッシュ政権がイラクに先制攻撃をしかけるようなことがあれば、世界は果てしのない暴力の連鎖に巻き込まれるに違いない。それは長い目で見れば、アメリカ主導のグローバリゼーションの崩壊のはじまりを刻するものとなろう。

病気は待ってくれない

季節の変わり目のせいか、よく人が亡くなる気がする（この原稿を書いているのは二〇〇二年の暮れである）。先日も八十九歳の伯母《おば》と五十八歳の大学時代の先輩が亡くなって、通夜に行ってきたばかりである。八十歳を過ぎた人はともかくとして、自分の年代かそれより若い人の葬儀に出るのは何か切ない。

不謹慎な話だけれど、若い時は葬式に出るのが割に好きだった。中学生の時（だったと思う）、現職の校長先生が亡くなって、先生も生徒もみんなでお葬式に参列したことがあった。学校から先生の自宅まで、ワイワイガヤガヤ歩いていったが、私を含めた生徒たちはピクニック気分で、滅多にないイベントになんとなくワクワクしていたのを覚えている。現職の校長といえば六十歳少し前であったろうから、今の私とさして違わない年齢である。しかし、十代前半の私にとっては、四十歳も五十歳も六十歳も区別がつかないオトナであることに変わりはなかった。オトナもオトナの死も私には無縁の別世界の出来事であり、他人の葬儀は珍しくも面白いイベントのひとつであったのだ。

それは、自分もいつか歳をとって病気になって死ぬということに、いかなるリアリティーも感じられなかったからであろう。若い時は、人生は有限だというのは頭では理解していても、心はそれに抗《あらが》って人生は無限だと思いたいのであろう。私もまた三十歳代の後半までは、私に残された時間は無限とは言えないまでも充分すぎるくらいある、と思っていた。そう思っていた頃の他人の葬式は、中学生の頃の校長先生のお葬式ほどではないにしろ、どこか現実ばなれしたアミューズメントパークのパレードのようなものであった。自分には直接関係ない他人の不幸を、おおっぴらに覗《のぞ》けるという後ろめたい楽しみも、全くなかったとは言い難い。

自分の未来の人生に充分な時間があるということは、自分の可能性もまた開かれているということでもある。もしかしたら、そのうち宝くじに当たって大金持ちになるかもしれないとか、とんでもない大発見をして有名になるかもしれないとか、くだらない夢のようなことを考えて、日々の雑事に追われている我が身をなぐさめることができる。未来のために現在を担保に、勝手気ままな生活をしている人もいる。周りの人がどう思うかはともかく、本人にしてみれば、放蕩《ほうとう》の付けはいつか払うつもりで遊んでいるに違いない。

しかし、若いうちに突然の事故で死なない限り、人はいつか自分の残りの人生がさして長くないことを知ることになる。私がそのことを覚《さと》ったのは、山梨県の増富《ますとみ》鉱泉へ虫採りに行く途中の道で、運転していたジープごと、谷に転落して命拾いした時であった。一九八七年の初夏だったと思う。転落した経緯はすでにどこかに書いたことがある。運転しながら虫を目で追っていて、気がついた時は、車はガケを落ちはじめていたのである。車というのは最初はゆっくり落ちるが、途中からものすごいスピードで落ちるのである。加速度というのがどんなに恐ろしいか、私は身にしみて知った。

幸いなことに車は水面の上に落ち、とりあえず命に別状はなかったが、少しの傷でも顔面からはすごい量の血が出ることもその時に知った。ガケを這《は》い上がって近くの民家まで辿《たど》り着き、救急車を呼んで最も近い病院まで運んでもらった。レントゲン写真を撮った結果、頭の骨は割れてないというので、入院しないで自宅まで帰ってきた。谷に落ちたジープは後日何とかすることにして、中央本線の韮崎《にらさき》駅から列車に乗った。列車はガラガラで四人掛けのボックス席に一人で坐《すわ》り、転落の原因となった虫はいったい何だったんだろうかとか、シーズンたけなわだというのにしばらく虫採りに行けないかもしれないなとか、とりとめのないことを考えていた。

甲府を過ぎると、列車は帰りの通勤通学の客で少々混んできた。しかし、私の坐っているボックスには誰も坐ろうとしない。一度、あいてますよ、と声をかけた三十歳前後のOL風の人などは、身を硬くして後ずさりする始末で、結局足をなげだしてワン・ボックスを占拠したまま、高尾《たかお》駅まで来てしまった。後日、そのことを女房に話したら、顔がむらさき色に腫《は》れて、シャツとズボンに血が点々と付いている人の隣りに坐る人なんて誰もいませんよ、と笑われてしまった。まるで殺人者が返り血を浴びているといった状態でしたもの、と女房は言った。

家に帰りついてすぐにベッドにもぐり込んだ。うつらうつらして一週間ほど寝ていた。三八度以上の熱がずっと続いた。全身に青アザができていたのが、徐々に黄色に変色して、それもかなり薄くなった頃、やっと立ち上がることができた。その時はじめて命拾いした、との実感が湧いてきた。人生は有限だ、と身にしみて知ったのはこの時が最初である。丁度、柴谷篤弘《しばたにあつひろ》と共に構造主義生物学という学問を構築しようと考えていたところだった。しかし、虫採りの合間にボチボチやればよい、と心のどこかで思っており、構想ばかりで具体的な作業は遅々としてはかどらず、相変わらず虫ばかり採っていた。

それが突然、人間いつ死ぬかわからないから、その時最も大事だ、と思っていることをやらなければ、と思い立ったのである。私は四十歳になろうとしていた。ところが困ったことに、その少し前から体の調子が余り完全とは言えないようになっていたのである。原因は三十歳代半ばのムチャクチャな生活にあることはわかっていた。

一九七九年に山梨大学に赴任してきた私は、四年ほど大学の官舎に住んでいたが、八三年になって、以前から病気だったオフクロに加え、オヤジが入院してしまったのだ。姉は名古屋に住んでおり、弟は川崎に住んでいたが共働きで、面倒を見るというわけにはいかなかった。いきおい私と女房が東京に帰って時々様子を見ようということになったのだ。オヤジは御茶ノ水の病院に入院しており、自宅は足立区の梅島《うめじま》にあった。私は、大学に赴任する直前に建てた家が茨城県の取手《とりで》にあり、家族共々ここに引越して、ここから病院に行ったり大学に行ったりした。病院はともかく、大変なのは大学に行くことであった。

茨城から山梨に行くには、途中、千葉、東京、神奈川の三都県を通過せねばならず、通勤というよりも旅行と呼んだ方が相応《ふさわ》しい大移動だった。悪いことに八三年から八四年にかけての関東の冬は、根雪が解けずに雪国そのものであった。月曜日の第一校時から講義のあった私は、煌々《こうこう》と光る星空の下、午前の四時台に家を出て、長靴で雪を踏み締めて始発の電車に乗るべく駅に向かうのが、一週間の始まりであったのだ。

余りにも遠すぎて毎日通うというわけにはいかなかった。それで大学に行けばしばらく自宅には帰らないことの方が多くなった。当時の私の学生たちは何の因果か酒豪ぞろいであったので、深夜になると毎晩研究室で安酒を飲んだ。午前の一時二時は当たり前で、四時や五時まで飲んでいることもしばしばであった。中には午前の二時頃にならないと研究室に来ないという恐るべき女子学生もいた。二十歳代前半の学生はともかくとして、三十歳代の半ばを過ぎたオッサン（私のことだ）が毎日こんなことをしていて体をこわさないとしたらバケモノである。八四年の秋に、学生たちを連れて沖縄にマルバネクワガタを採集に行ったのが止《とど》めとなった。このクワガタは真夜中に原生林中のシイの古木にたかっているのだ。それを採集するには当然、真夜中に原生林をほっつき歩く他はない。二週間、毎日徹夜でクワガタを採って、東京に帰ってから、ついに体がおかしくなった。

どうにも頭がフラフラする。起きている時はもちろん寝ている時もフラフラする。医者に行ってもよくわからない。数ヶ月の間、暇さえあれば横になって何とか治したけれど、これ以後、体の調子はついに元には戻らなくなった。自業自得と言えばそれまでなのだが、まだ若かった私は、病気というのはいつか完全に治ると思っていたのだった。体の調子が完璧《かんぺき》だった頃は、あれほど無茶をして体を酷使していたのに、少しでも調子が悪いとなると、何か悪い病気、たとえばがんの徴候なんじゃなかろうかとか、そうだとすれば、ノホホンとしているうちに手遅れになるんじゃなかろうかとか、色々気になって仕方がない。

そうなると、遊んでいても余り楽しくないし、仕事にもいまいち身が入らない。病院の検査結果に一喜一憂し、完全健康体になるべく時間と金を使うことになる。そんな状態で数年生きていた時に、車ごとガケから落ちたのである。それで覚った話はすでにした。私は健康を待っているつもりでも、実は病気を待っているのではないかと気づいたのだ。そう思って周りを見ると、そういう人は意外と沢山いた。いつも体のことを気にしていて、生きる目的が病気を治すこと、といった感じの人だ。

数年間、健康のことばかり気にしていて、それで完全健康体になって、体のことは気にかけずに後はずっと楽しく生きられるというのであれば、とてもラッキーであろう。しかし大抵はそうはならずに、体の調子が完璧になることは決してなく、いつももっと健康になったらいいのにと考えているうちに、重い病になっていたというのがオチであろう。その時になってはじめて、自分は健康を待っているつもりでも実は病気を待っており、病気になった今、病気は私を待っていてはくれずどんどん進行してしまうことに気づくことになる。

　大事故にあって死にぞこなったり、大病にとりつかれたりしないと、人はなかなかそのことに思い至らないのかもしれない。もう十五年近くも昔のこととなったが、私の友人のＯ君は、胃がんが頭の骨に転移して明日をも知れぬ身になった時、みんなが止めるのも聞かず済州島《さいしゅうとう》への虫採りツアーに行くと言いだした。もう少し良くなってから一緒に行こう、と諫《いさ》められたＯ君が言ったコトバは、死んでも行く。それでみんなシュンとなった。しかし、よく考えてみれば、明日をも知れないのは末期がんの患者ばかりではないのだ。あなただって私だって同じなのである。

　もう少し体の調子が良くなったら、もう少しお金ができたら、もう少し暇になったら。多くの人はそう思って、自分にとって最も大事なこともやらないで、時間だけはどんどん過ぎてゆくのである。しかし、もしかしたら、体の調子はこれ以上良くならず、お金は決して増えず、暇にもならず、気づいた時は不治の病を宣告されているかもしれないではないか。

健康はもちろんあなたを待っていてはくれないだろうし、病気でさえ待っていてくれるとは限らないのだ。人はどんな時でも、体の調子などウジウジと考えずに今一番大事だと思うことをすべきなのである。

働くということ

「働かざるもの食うべからず」と言われるように、人間にとって働くことは美徳であり、場合によっては義務であるかのように喧伝《けんでん》されている。人はなぜ働かなくてはいけないのだろう。働かなければ食べていけないせいだろうか。確かに現代社会では、食物はお金で買わなければ手に入らないのが普通だ。お金をかせぐには、これも普通は働かなければしょうがない。しかし、「働かなければ食えない」という事実は、「働かざるもの食うべからず」という命題を帰結しない。

もしかしたら働かなくても食える人がいるかもしれない。こういう人に「働かざるもの食うべからず」を納得させるには、ほとんどの人は働かなくては食えないのだ、という事実以外の理屈が必要だ。はたして、そんな理屈はあるのだろうか。手元にある『大辞林』(三省堂)で「労働」を引くと、①からだを使って働くことと。特に賃金や報酬を得るために、心身を使うこと、②人間が道具を利用して自然の素材を目的に応じて加工し、生活に必要な財貨を生みだす活動、の二つの定義が書いてある。

働く、というコトバを聞いて一般の人が思い浮かべるのは①であろう。②は経済学の用法だろう。この二つの労働の定義で見る限り、働くことは食うための必須《ひっす》の条件ではないことがわかる。ほとんどの動物は、当たり前のことだが食うために賃金や報酬を得たりしないし、生活に必要な財貨や剰余を生みだしたりもしない。働くということは、人間に固有の概念なのかもしれない。

生活するためにからだを動かすことだけなら、すべての動物はそうしている。食物を求めてさまよい歩き、安全そうな所を探しては休み、敵が来たら逃げる。野生動物の生活は生殖以外はほとんどこれに尽きるだろう。これらはある意味では最も初源的な労働と言えないこともないだろうが、我々が普通思っている労働の概念と必ずしも重ならない。たとえば、腹をすかして歩いていたら、街角にパン屋があった。パン屋に入りパンを取って食べたら、「お客さん、食べるのはお勘定を済ましてからにして下さい」と言われるだろう。金がなかったら警察につき出されるだろうし、逃げれば追いかけられるだろう。パンを取って逃げるのは、からだを使って食物を得る行為には違いないが、労働とは言えないだろう。

ネコにとっては、魚屋のいけすから魚をとって食べようが、魚屋の屋根裏のネズミをとって食べようが、同じことである。人間は前者のとるを盗ると書き、後者のとるを獲ると書きたがるが、ネコにとっては関係ない。からだを使って食物を得るのは生物学的必然だが、労働は生物学的必然ではない。労働とは、ある経済システムを前提としてしか成立しない概念なのだ。だから、「働かざるもの食うべからず」という命題も、普遍の真理なんかであるわけがない。

一万年以前、ヒトがまだ狩猟採集民だった頃、現代的な意味での労働という概念はなかったのではないかと私は思う。つい最近まで、恐らくその当時と同じような生活をしていたと思われる狩猟採集民が存在した（あるいはまだ少数ながらも残存しているかもしれない）。たとえば、マレーシア中央高地のムゾーのセマイ族は、少なくとも二十世紀の半ば過ぎまで、完全な狩猟採集民であった。男は主に狩猟と魚取りに、女は山菜採りに従事していた。セマイ族は森の生物多様性を大切にし、沢山の種類の野生生物を利用したという。食物を得るために費やす時間は一日に三、四時間。残りは自由時間である。生活するのに必要な食物は、その都度必要なだけ採取し、余分には取らない。残りの時間は好きなことをして遊んでいる。一日八時間はおろか十時間も労働しているほとんどの現代人から見れば、天国のような暮らしである。食物を採取している間は、働いていると言えば働いているわけだが、それは現代的な意味での労働ではなく、野生動物のエサ取りと変わらない。自分たちが生きるのに必要最小限度の食物しか採らないわけだから、資源が枯渇する心配もない。すばらしくエコロジカルという他はない。但し、こういう生活が可能であるためには、人口密度が自然生態系の許容範囲内でなければダメだ。現在、地球上には六十億を超える人間が生きているわけだから、すべての人がこういう生活をすれば、大半が餓死してしまうだろう。現在、セマイ族の人口は純粋な狩猟採集生活で維持できる限度を超え、ために森林を切り拓《ひら》いて農地を作らざるを得なくなり、食物を得るために費やす時間は格段に増えたという。

約一万年前、人類は農耕を発明する。人類は自然生態系にのみ依存する野生動物ではなくなり、同時に現代的な意味での労働がはじまったのだ。人類は農耕によって、それまでとは比較にならないほど大量の食糧を入手することができるようになった。すると当然人口が増える。人口が増えれば、さらに沢山の原野を開墾して農地を増やすことができる。人口増と自然破壊のポジティブ・フィードバックはこの時からはじまったのである。農耕によって得ることができる穀類は保存がきき、人類はここにはじめて、その場限りのエサ取りではなく、からだを使って剰余としての財貨を蓄えるようになったのである。

先に『大辞林』に倣《なら》って、労働の定義を二つ挙げたが、我々のナイーブな感覚とは恐らく逆に、労働は②の生活に必要な財貨を生みだす活動としてはじまったのであり、①の賃金や報酬を得るために心身を使うという意味での労働は、その後に発生したに違いない。①の意味での労働は、体力の提供と財の交換であり、交換は剰余がなければ成立しないからである。余談だが、剰余がなければ成立しないものは他にもある。戦争である。戦争の起源は農耕の起源と恐らく重なっているに違いない。狩猟採集民であった時、人類は戦争というものをしなかったのではないかと思う。戦争をしても、双方とも相手方に奪うに足りる財貨がなければ、命をかけて危険をおかすのは愚かであろう。共食いをするとか、奴隷を得るとかの目的のために戦争をすることもなかったと思う。肉を食べるためには、他の動物を狙った方が効率的かつ安全であったろうし、剰余を生みだすための労働が存在しないところでは、奴隷がいても邪魔なだけだ。戦争は農耕により剰余としての財貨を生みだすことができるようになった副産物として生じたのである。

農耕、労働、戦争、奴隷。これらの起源はみな一緒なのだ。ひとたび、農耕を発明した人類はもはや元に戻れなくなった。農耕によって支えられている人口は、狩猟採集生活に戻ったら支えきれない。大半は餓死してしまうに違いない。だから労働をせざるを得ない。その代わり、働けば働いただけ飢え死にの恐怖から解放されることになる。人間にとって働くことは美徳だ、との倫理は農耕の発明以後に、誰かがでっちあげたものに違いない。

労働によって剰余が増大し、財貨が蓄積されてくると、その分配には偏りが生じてくる。これは物理的必然としてそうなるのだと思う。どんなものの分布でも、自然にまかせておけばある程度の偏りは避けられない。富の偏りは権力を生み、それはさらに富の偏りを加速したに違いない。その構造は綿々と現在まで続いているわけだ。働かなくても食える人と、働いても働いても暮らしむきが楽にならない人がいるのは、事実としてとりあえずどうしようもないが、一所懸命に働くということは、人類史の大半において、正しい生き方でなかったことは確かなのである。一万年以前の狩猟採集生活においては、必要以上に時間を投入して狩猟採集を行えば、資源が枯渇して、未来の生活が破綻《はたん》するわけだから、剰余を生みだす労働は、限りなく悪いことであったのは間違いない。

今から何百年か後に、世界人口が増えすぎてクラッシュを起こし、生き残った人々が、人口を増やさずに、自然生態系の許容限度内で生活しようと決意したとしよう。こういう世の中では、労働をする人は罰せられるようになるかもしれない。もし、あなたが働くのがきらいだったとしても、だから余りうしろめたく思う必要はないのである。もっと昔に生まれていれば、労働をしないのは当然だから、非難されなかっただろうし、もう少し未来に生まれてくれれば、人間の鑑《かがみ》として尊敬されるということすらあり得るかもしれないからだ。

しかし、とりあえず現在は、貧乏でしかも、働くのがきらいな人には住みづらい世の中だ。過去や未来のことを言っても仕方がない。お金がなくとも働かないで暮らす方法はないものか。一番いいのは狩猟採集民として生きることである。海や川で魚や貝を取り、野原で動物を獲り、山菜ときのこと果実を採って食べていれば、現代的な意味での労働をしなくとも生きていける。但しややこしいことがいくつかある。その最大のものは、獲物を上手に捕えたり、食べられる山菜やきのことまずかったり毒だったりするそれらを見分けられるのか、ということである。かなり努力をしなければ、これは難しい。普通の意味での労働がきらいな人には無理かもしれない。もうひとつ、ややこしい問題がある。今や、自然の中にある食物といえども、所有権を主張する人がいる場合も多く、無闇に採集するとトラブルになる恐れが強いことだ。

日本では、野鳥を捕って食べているのを見つかれば、法律違反になるだろうし、海に潜ってイセエビを取ったり、お金を払わずに川でアユを釣ったりすれば、漁業組合に怒られるだろう。エコライフなどという口先だけのお題目を唱えている人は多いが、本当にエコロジカルな生活をするのはとても難しい。それでも、どうしても労働はイヤだから狩猟採集民になるという人には、昆虫を食べることをおすすめする。ゴキブリでもコオロギでもたいがいの昆虫は食べられるし、そこいらへんにいる昆虫の所有権を主張する人もまずいないだろうから、トラブルになる恐れも少ない。と、ここまで書けば、働かないで生きていくのは大変だ、とほとんどの人は思うかもしれない。働いてお金をかせいだ方が楽だ。

しかし、一口に労働といってもその形態は様々であり、誰かがお金を払ってくれなければ、心身を使っても労働とは言えないだろう。自分に相応《ふさわ》しい仕事をしたい、とのたまう人は多いけれども、誰もお金を払ってくれなければ、自分だけ相応しいと思っていてもどうしようもない。ゴルフが自分の天職だと自分が思っているだけでは、労働とは言えないのである。ほとんどの人は、本人が一番やりたい以外の労働でお金をかせいでいる。だから働きたくない、ということになるのだろう。

狩猟採集生活はイヤだということになれば、働かなければ食えない人は働く他はない。労働は美徳である、というイデオロギーに毒されている社会では、働くことに喜びを見出せない人は何か欠陥人間のように言われがちだ。ひどい話ではないか。労働などというアホなことをはじめたばかりに人間は不幸になったのだと私は思う。本当は働かない方がエラいのである。働かなければ食えない、というのは善悪の問題ではなく、現在の社会システム下の事実に過ぎない。

さてどうするか。働くのがイヤでイヤで仕方がないが働かなければ生きていけない人は「心を込めない」で働くといいと私は思う。上司も客もみなロボットだと思えばよいのである。明日から試してみますか。

親の死に目

私が小さい頃、「清彦、親の死に目にあえないような人間になるんじゃねえぞ」とオヤジによく説教をされたのを覚えている。親の死に目にあえないような人間とは、碁打ち、将棋指し、船乗りといったオヤジに言わせればヤクザななりわいの人々であり、要するにオヤジは私に、カタギになれと言ったわけだ。オヤジにそこまで言われていながら、私はオヤジの死に目にあえなかった。それは私のなりわいがヤクザなせいだということも、もちろんあろうが、現代という時代は、カタギの人でもなかなか親の死に目にあえないようにできているせいでもあろう。

昔は親に限らず、人の死に目というのはとても大事だったのではないかと思う。時代劇では瀕死《ひんし》の人を抱いて、何か言い残すことはないか、と聞く場面がよく出てくる。「女房のことをよろしく頼む」とか「この書付を誰それに渡してくれ」とか言って、首をガクッとうなだれて死ぬ場面が、必ずそれに続くわけである。死ぬ時に首がガクッとなるのは、芝居の約束であって、そうしないと話が続かないからそうしているにすぎないけれど、瀕死になった人がしばらくすると死んだのは事実であろう。

　瀕死の人が死ぬのは当たり前だと思うなかれ。今では瀕死の人もなかなか死なないのだ。死ぬかわりに、意識不明になる。植物人間になる。脳死の人になる。昔は今際《いまわ》のきわがはっきりしていたが、今では、素人目には生きているのか死んでいるのか判然としないグレーゾーンが非常に長くなったのである。

　昔は「チチキトク　スグカエレ」との電報を受け取って駆けつけて、臨終に間に合うのがカタギの人の定義だったのだ。たとえば、将棋指しは、勝負の最中に親が危篤になっても、勝負を投げ出すわけにはいかない。昔の将棋の持時間は長かったから、終わる頃には親は大抵死んでいる。危篤の報《しら》せを聞いて近親者が駆けつけて、一同が見守る中で、遺言があれば遺言をして、別れのコトバを苦しい息と共に一言二言して事切れる、のが正しい臨終のあり方だったはずだ。

　臨終の場に皆が集まるのは、生きているうちに会っておきたい気持ちも、当然あったであろうが、もっと実際的な機能もあったに違いない。死にゆく人の遺言を皆で聞いて、後で文句が出ないようにするなんていうのも大事な機能であったろう。利害関係者が全員そろって遺言を聞けば、後でそんな話は聞いたの聞かなかったのという争いを減らすことができる。だから臨終の場にいないのは争いの種になりかねないし、場合によってはシカトされてしまうこともあったに違いない。親の死に目にあえないような奴は、まっとうな人間ではなかったのだ。

臨終というのは一種の儀式でもあったから、親族が集まったら、ほどよい時間に死んでくれないと困る。何日も死ぬのを待っているわけにはいかない。商売にもさしつかえる。病人の死に頃を判断して、「御親戚《ごしんせき》の方に集まってもらって下さい」と声をかけるのも医者の大事な役割なのだ。しかし、延命治療がこれほど進歩してしまうと、死ぬ時期を判断するのは大変難しい。本人が延命治療を拒否し、主だった人々を呼んで今際の別れをして、薬を打ってもらって死ぬという場合は別として、多くは集中治療室で沢山の医療器機に囲まれて意識不明になるまで生かされているわけだから、臨終の場面がドラマチックになることもない。今では臨終とは、患者につながれたモニターの波形が平らになることである。臨終はまことに無味乾燥なものになったのである。

昔、親の死に目にあえないのは臨終に間に合わなかったせいであるが、今、親の死に目にあえないのは、病院で臨終まで待っていられないからである。私の父は二〇〇二年の春に亡くなったが、亡くなる一ヶ月も前から意識不明であった。オヤジと最後に口をきいたのは、さらにその一ヶ月も前であったから、別れのあいさつをするなんてものじゃない。「じゃ、また」と言って病室を出たのが意識のあるオヤジを見た最後となった。亡くなる大分前から、まぶたを開けて中をのぞいても、死んだ魚のような目になっていたので、脳はすでに機能していなかったのだろう。

いくら身内とはいえ、いつ死ぬかわからない意識不明の病人のそばに、一週間も二週間も付き添っているわけにはいかない。何かあったら連絡して下さいと頼んで、日常に戻らざるを得ない。病院から連絡があって駆けつけた時は、すでに死んでいることも多いだろう。私の父の場合は、病院から歩いて一分の所に住んでいる姉でさえ間に合わなかったのだ。オヤジの死に目にあった人は、身内には誰もいない。もっとも臨終に立ち合ったところで、実質的にはすでに死んでいるも同然であるから、儀式性も機能性もまるでないことに変わりはないが。

私はオフクロの死に目にはあえた。オフクロが死んだのは一九八八年で、私がまだヒマだということもあったし、延命治療も今ほど進んでいないということもあったのかもしれない。オフクロは二十年以上も前に受けた手術の際の輸血でC型肝炎に感染し、軽い肝炎がなかなか治らずに肝硬変に移行し、ついに肝がんになった。今にして思えば、典型的な医原病であるが、当時はまだ非A非B肝炎などといって、最初のうちは医者は大したことないような口ぶりであった。

肝がんということになって手術を受けたが、一年半ほど経っていよいよいけなくなり、新宿の南口にある鉄道病院に入院した。入院した当初は小康状態にあり、六人部屋になぜかオフクロひとりしか入院患者がおらず、夜景がきれいだと言って機嫌が良かった。私は最初の著書（『構造主義生物学とは何か』）を出版したばかりでうれしかったこともあり、病室に本を持っていってオフクロに見せたが、余り興味を示さなかった。もはやそれどころではなかったのかもしれない。

入院して一ヶ月余り、オフクロは結構元気で院内を歩いたりしていたが、ある日、お腹が張るので水を抜いてほしいと医者に頼んだらしい。肝臓病の末期は腹水が溜《た》まり易いのだ。しかし、溜まっていたのは腹水ではなく血液であった。肝がんがとうとう破裂して腹《ふく》腔《こう》に血液が溜まりだしたのだ。医者は手のほどこしようがなく、あと一週間位でしょうと言った。お腹が苦しいので浣腸《かんちょう》して下さい、と医者に頼んでいるオフクロが哀れだった。血が足りなくなったせいで手が白くなり、肝臓病特有のてのひらの赤紫色の斑紋《はんもん》が消えてしまった。オフクロはてのひらを私に見せ、今は少し苦しいけど病気は良くなっているのかもしれないと言って、ちょっとだけうれしそうな顔をした。

そうだといいね、と私は言って、オフクロの手を握ってあげたが、それ以上喋《しゃべ》ると涙が出そうだったので、ただ黙っていた。まもなく意識が混濁しはじめ、一日後に「私の人生はおしまいです……」からはじまる遺書を私に口述筆記させて、意識不明になった。それから亡くなるまでは数日であった。

オフクロの臨終のことはよく覚えている。多分、今夜あたりということだったので、姉と私は病室に泊り込んでいた。夜が明けて、肩で息をしているオフクロをぼんやり見ていた。突然、何の前ぶれもなく息がパタッと止まり、モニターの波形が平らになった。姉はパタパタと走って看護婦を呼びにいったが、私は静かになったオフクロをただ見ていた。さしたる感慨はなかった。オフクロが死んだのは悲しいことには違いなかったが、心のどこかでほっとしたことも確かであった。

オフクロは死ぬとわかってから、長すぎもせず短すぎもせず、過不足ない時間でぴったり死んだのだと、今にして思う。それに対し、オヤジは長すぎた。寝たきりになってから三年、意識が少々混濁しはじめてから一年、意識不明になってから一ヶ月。いくら親が大事とはいえ、これだけ長い間緊張は持続できない。私の頭の中で、オフクロの死に際ばかり鮮明で、オヤジのそれがぼんやりしているのは、私がオヤジよりオフクロを愛していたから、というわけでは決してないのだ。私はオヤジの言動はそれなりに理解できたが、オフクロの心は結局よくわからなかったのだから。

柴田二郎に『ガン死のすすめ』と題する本がある。がんで死ぬ最大のメリットは、最後まで意識がしっかりしていて、意識不明になってから臨終までの時間が短いことにあると私は思う。毎日新聞の記者だった佐藤健も朝日新聞の記者だった松井やよりも、最近、死に際が見事だった人(と外野から見て思っているだけかもしれないが)は皆、がんであった。ぽっくり死にたいという人は多いけれど、いきなり死ぬのは身辺整理ができなくて本人も周囲も大変困る。死の恐怖に直面しないですむというメリット以外は、ぽっくり死ぬのはデメリットが多すぎる。

さりとて、倒れてから何ヶ月も何年も意識不明というのはもっと困る。実質的に死んでいる人の面倒を見なければならない家族の苦労は大変である。死ぬ潮時を逸して、植物状態で二年も三年も生かされるのだけは、かんべんしてもらいたいと思う。看病している家族にしても、最初のうちこそ、治ってもらいたい。治らなくてもせめて長生きしてほしいと思う気持ちに嘘偽りはないだろうが、気持ちの持続には限度があり、一年も経てば、心のどこかで早く死んでくれないか、と思うようになるものだ。それは親を愛しているいないとは、また別の問題である。

昔は自力で飯を食えなくなったら、もうおしまいであった。だから意識不明の人が無闇に長生きすることはあり得なかった。死にゆく人と残される人との間のコミュニケーションは限られた時間の中でしかなされず、それゆえに濃密であった。親の死に目にあえるかどうかは大問題だったのである。

誰であれ、自分が死にゆく当事者であれば、少しでも長く生きていたいと思うだろう。しかし、看病する家族のことを思うと、そうとばかりも言っていられないという気持ちも全くないわけではない。早く死んでくれないか、と家族が思っているかもしれない、と時々思う自分の気持ちもいやである。

最近、末期の病人がホスピス行きを希望することが多いのは、そういう理由が大きいのではないか。家族に余り迷惑をかけていなければ、死に際に別れを惜しんでくれるかもしれないものね。親の死に目にあえるような子になれというより、自分の死に目にあってもらえるような親になれと言うべきなのだろう。きっと。

老いらくの恋

昔、女子学生とバカ話をしていて、「エロ度一定の法則」というのを考えたことがある。「a×b=c」という単純な式で、ここで「aは体のエロ度」、「bは心のエロ度」、「cは個々人のエロ定数」である。歳をとって体が役に立たなくなってくるのに反比例して、心はどんどんエロくなってくるという話である。これを考えた当時はまだ若く、話半分であったが、歳をとるに従い、なんだか真実のような気がしてきたから不思議である。但し、この式は女には当てはまりそうにない。女は通常、bという項目を持たぬらしいからである。

役に立たなくなったなら、徐々に枯れていけばいいものを、ヒトの男はなぜスケベ心をいや増していくのだろうか。どうもよくわからない。アンテキヌスという有袋類がいる。オーストラリア原産のフクロネコ科の一種で、一年の大半はメスと子供しかいないというおかしな動物である。なぜそういうことになるのか。

アンテキヌスは九月（南半球は春である）に子供を産む。コアラもそうだが、有袋類の子は極めて小さく、赤ん坊というより昆虫の幼虫か寄生虫に似ている。アンテキヌスの赤ん坊も生まれた時は〇・五グラムしかない。複数生まれた赤ん坊は母親のお腹の袋の中で育つのである。この話を学生たちにすると、中には頭の回る女子学生もいて、「人間も有袋類だと良かったのに」と言う。なぜって、望まぬ妊娠をしても堕《お》ろさなくてすむから。生まれた子は爪でプチッとつぶせばそれですむ。手術をして堕胎するのと、指でプチッとつぶすのと、どちらが犯罪により近いのだろう。人間が有袋類だったら、男女平等はとっくの昔に実現していただろうに。

話をアンテキヌスに戻す。三ヶ月ほど母親に育ててもらった赤ん坊は十二月には乳ばなれして自分で餌を探すようになる。七月の末になり陽《ひ》が長くなると、アンテキヌスの子供たちはいっせいに発情期に入る。オスは男性ホルモンを分泌するが、血中のホルモン濃度は人間と比べて高いというわけではないらしい。ところが、アンテキヌスのオスは爆発的と言っていいくらい性的に活発になるのだ。多くの哺乳類《ほにゅうるい》では血中の男性ホルモンの数パーセントしか活性化していないが、この種では一〇〇パーセント活性化してしまうのが原因だという。

オスは文字通り寝食を忘れてメスと交尾することしか考えなくなる。相手が見つかると、十二時間近くぶっ続けで交尾する。一匹のメスとの交尾がすむと次のメスに挑みかかっていく。こうして二―三週間飲まず食わずでただひたすら交尾して、体はボロボロ動作はフラフラになり力尽きて死んでいく。中には交尾をしながら息絶える奴もいる。どんなスケベな人間のオスでも、ここまであっぱれな奴はいないだろう。このようにしてオスが全滅した後でメスは子供を産み、メスと子供しかいない平和な一年を過ごすというわけである。幸運なメスは次の年にも二度目の繁殖をすることができ、オスの二倍から三倍長生きすることができる。

ところで、アンテキヌスのオスを二倍以上長生きさせる方法がある。発情前に去勢してしまうのである。するとオスはメスと同じくらい長生きできるのだ。江戸時代のエライ医者たちは、房事過多は腎虚《じんきょ》になって早死するといってスケベなジジイたちを脅迫していたが、人間は知らず、アンテキヌスに限って言えば、どうやらこれは本当らしい。

動物のオスはどうしてそこまでしてセックスに励むのだろう。もちろんそれは、子孫を残すためだ、と大方の人は答えるであろう。近頃流行《はや》りの社会生物学者なら、自分の遺伝子をより沢山残すためと答えるであろう。動物に雌雄があることを前提とすれば、確かにそうに違いない。しかし、それではいったいなぜ雌雄があるのかと問われれば、話は途端に泥沼になってしまう。子孫を残したり、遺伝子を残したりするのに、オスは必要ないからである。

メスしかいない動物というのが時々いる。奈良の春日《かすが》山にクビアカモモブトホソカミキリといういささか長い和名をもつ虫がいるが、これはメスしかいない。子供は皆、母親と同一の遺伝子組成をもつクローンである。当然のことながら多様性はない。しかし、子孫を増やすのにさしあたって多様性など必要ない。それはこの虫の存在自体が証明している。遺伝子を残すのにオスがいなければ便利なことも多い。一番のメリットはセックスのために余分なエネルギーを費やす必要がないことだ。アンテキヌスほどではないにせよ、セックスにはエネルギーが必要だ。直接的なエネルギーだけではなく、メスを手に入れるために支払った間接的なものまで含めれば、それがどれほどのものかは、難攻不落の女を口説いた経験のある方なら、よく御存じであろう。セックスにはエネルギーばかりでなく時間もかかる。だましだまし女を口説くのも楽しくないこともないが、効率が悪いことは確かであろう。

そうやって苦労して成功（正確には性交が成功かな）したとしても、自分の遺伝子は半分しか伝わらないのだ。いっそオスなどやめてメスになって、しかも単為生殖で子供を作れば、エネルギーと時間を節約して、しかも自分の遺伝子を一〇〇パーセント伝えることができる。ほとんどの動物はなぜそうしないのだろう。生物学者たちが考えた答えは大きく分けて二つある。ひとつは、単為生殖の動物は遺伝的多様性が乏しかったため、環境の変化や病気の攻撃に抗することができず、多くは絶滅してしまったのではないかという説である。性は遺伝子の組み合わせを変えるので、遺伝的多様性を増やすことができるのである。

もうひとつの説は、性は遺伝子の修復のためにあるというものだ。多くの動物では同型の染色体が一組ずつ対になって存在し（ヒトでは二十三対、全部で四十六本の染色体がある）、卵や精子を作る時、減数分裂という特別な細胞分裂をして染色体を半数にして、受精で再び元に戻すのである。減数分裂の際に対になっている染色体は互いに相手を参照して、壊れている部分を修復するのだ。同じ部分が共に壊れていることは稀《まれ》だから、多くの遺伝子は新品に戻るわけだ。性がないと、世代を繰り返すごとに、破損部位が集積して、最終的には、これまた絶滅してしまうというわけである。

もっともなような気もするし、ペテンのような気もする説明である。危機の時は遺伝的多様性が高い方が有利だとしても、環境が安定している時は単為生殖の方が有利なのだとしたら、有性生殖と単為生殖を自在に切り替えればよいではないか。実際、西表島《いりおもてじま》にいるクビアカモモブトホソカミキリにはオスがいて、有性生殖をしているのだ。さらに、遺伝子修復のために減数分裂が必要なら、減数分裂をさせた自分の細胞同士を融合させればよいではないか。現にゾウリムシはそうしている。あれやこれやを考えると、何で性があるのか、やっぱりよくわからない。存在するものは存在するのだ、という以外には理由はないのかもしれない。

ところで話は「老いらくの恋」である。何で男は五十や六十にもなって二十歳の女に惚《ほ》れたりするのか。若い女に子供を産ませた方が、年増の女に産ませるより、産まれた子の死亡率が低く、遺伝子が沢山残るから、と社会生物学者は答えるかもしれないが、こういう説明はどうもうさんくさい。チンパンジーやゴリラのメスは年増の方が人気があるのだ。なぜって、年増の方が子育てがうまいのである。生理が終わってしまったのならともかく、人間だって三十過ぎの、赤ん坊を二人ぐらい育てた女の方が子育てがうまいに決まっていると思う。十九や二十の女に惚れてどうするのだと、私は思う。まして十四や十五の女と援交に励んでも遺伝子なぞ残るはずがない。

遺伝子を残すためという社会生物学的な見地から「老いらくの恋」を説明するのは、所詮《しょせん》は無理な気がするねえ。ならばなぜ、オッサンは女を追いかけるのか。答えは「楽しいから」に決まっている。バカバカしいと言うなかれ。人間の脳には、非合理的なことを楽しいと感じる経路があるらしいのだ。問題はそれを発見してしまうか、それとも生涯発見しないで見過ごしてしまうかということだ。

「老いらくの恋」は本人はともかく、はたから見れば滑稽《こっけい》以外のなにものでもない。教授が女子学生にラブレターを送ったり、社長が新入社員の女の子に惚れたりするのは、おバカの極みであろう。そういうアホなことが本人にとってなぜ楽しいのか。それは社会的な規範からの大いなる逸脱だからである。そこで脳は普段やらないことをやっているのである。

歩く、水を飲む、字を書く、といった行為ですら、よく考えてみれば相当複雑である。

でも我々のほとんどは無意識のうちにそれらをこなしている。どう歩こうかと考えるとうまく歩けなくなってしまう。極度に緊張している小学一年生の歩き方を見れば、それがわかる。無意識に行動している時、我々はその行為にエクスタシーを感じたりしない。誰も覚えてはいないだろうが、一歳を過ぎて最初に歩いた時、脳はすごいエクスタシーを感じたのではないかと私は思う。脳の中に新しい経路ができる。感覚神経と運動神経が脳の中でほどよく連合してうまく歩けた時の快感は、恐らくはじめてのセックスと同じぐらい強烈なのではないか。

スキーができる人はパラレルターンがはじめてできた時のことを思い出してほしい。私はそれでスキーが病みつきになった。上達して無意識のうちにパラレルターンができるようになると、もはやそれで強烈なエクスタシーを感じることはなくなってしまう。

若い時の恋だってなかなかの快感であろう。ましてや、社会的規範からの逸脱である「老いらくの恋」が楽しくないはずがない。いつもパターン化された行動しかしていないオッサンが二十も三十も年下の女に愛を告白する時、脳の中はパニック寸前で、電気的信号やら神経伝達物質やらが飛びかっているに違いない。但し、恋はスキーと違って相手がいる。問題はそれだけだ、とも言えるし、それこそが大問題だ、とも言えそうだ。

若い時は体がスケベな分、話は簡単だと言えば簡単である。歳をとると体が言うことを聞かない分、妄想ばかりふくらんで、ややこしいと言えばややこしい。しかし考えようによっては、それは若い時には味わえない快感であるとも言える。

老いらくの恋患って職を失うバカもいる、と世間は言うかもしれないが、老いらくのがんを患って命失うバカもいる、と思えば職などタカが知れているではないか。

子供とつき合う

昔、「自作を語る」という谷川俊太郎の三百字余りのエッセイを感心して読んだ覚えがある。思潮社から出ていた『現代詩大系』と題されたアンソロジーの中で、収録されている詩作品の作者たちが、それぞれ同じ題で書いたエッセイのひとつである。

谷川は自作のつもりでも実は自作ではないものも数々あると述べ、その代表として自分の子供を挙げていた。確かに自分の子供を自作と呼ぶのは難しいに違いない。それでは女房との合作かと言えば、やっぱりちょっとそれも難しい気がするね。受精卵は卵と精子が合体して生じたものだが、卵や精子は誰が作ったかと言えば、自分だけが作ったと言うには無理があるからだ。

卵や精子の元の細胞は、三十億年以上前に生物が誕生して以来、連綿と分裂を続けて今に至っているわけで、自分が作ったと主張するのは傲慢《ごうまん》であろう。だから自分の子供も、ほとんどは自然が作ったものであって、自分がその作成に寄与した部分はごくわずかであるはずだ。ゆえに純粋に存在論的に言えば、自分の子供といえども、その存在に対して責任も義務もありはしないのである。

何と無責任な、と言われそうであるが、たとえば、熱帯魚としてポピュラーなグッピーは折角産んだ自分の子供をパクパクと食べてしまう。グッピーにはエサと子供の区別がつかない。それはグッピーがおろかなためだろうか。同じサカナでも、イトヨなどのトゲウオの仲間はオスが巣を作って、卵や稚魚を保護する。それはトゲウオが賢いためだろうか。もっとすごいのはマウスブルーダーと呼ばれるサカナで、親が口の中で卵を保育する。たとえば、アフリカのマラウィ湖にいるシクリッドの仲間はメスが、海水魚のクロイシモチはオスが、それぞれ口腔《こうこう》内で卵を保育するのである。

サカナの脳みその程度にさして変わりがあろうはずはないから、自分の子供を食べるか、保育するかは、本能行動として決まっているだけであって、深い考えがあってやっているわけではなさそうである。私見によれば、グッピーは、自分の子供を食べても滅びなかっただけであり、トゲウオやクロイシモチは子供を保育しても滅びなかっただけなのであろう。機能主義に凝り固まっている一部の生物学者は、遺伝子や子孫の存続のために、子供を保育していると主張するかもしれないが、そういう考えは基本的に間違っているんじゃないだろうか、と私は思っている。

現存するある生物が何らかの形態や行動を有していることは事実である。さらにその生物がさしあたって滅んでいないことも事実である。この二つの事実から言えることは、あある形態や行動を有しているにもかかわらず、今のところ滅んでいない、ということだけであろう。ある形態や行動を有しているから滅んでいない、とは言えないのだ。その形態や行動がなくとも滅びなかったかもしれないではないか。生物はどんなヘンな形態や行動を有していても、滅びなければ存在し続けるのである。そこには、どんな形態や行動をとるべきか、という倫理的な観点は全くない。

クロイシモチのオスは自分の口腔内で卵を保育する責任や義務があると思っているわけでは決してない。人間だけが、親には子供を育てる義務があると思っているようだ。それは半分は、ヒトが子供を育てるのは厳密な意味では本能ではないせいである。時に赤ん坊を殺したり、捨てたり、放置したりする親がいることからも、それがわかる。カッコウやホトトギスは、托卵《たくらん》といって他の鳥に子育てを全部押し付けてしまう。人間も託児所という装置をもっているが、預けたきり迎えに行かなければ、世間的には面倒なことになる。カッコウの托卵は本能であるが、託児は単なる便宜である。

人間は、厳密な意味では、子供が自力で生活できるようになるまで育てる本能がないにもかかわらず、種として滅びないまことに奇妙な動物なのである。ヒトの赤ん坊はグッピーの稚魚と違って、ひとりでは生きていけない存在だから、赤ん坊の存在様式が変わらない限り、すべての人が子育てを放棄したら、子供の数が徐々に減少して、ついには滅んでしまうに違いない。実際、現代日本の少子化をそういった観点から心配している人もいる。

私個人としては、人類など滅んでも別によいではないかと思っているが、そういうことは余り言わない方がよいかもしれないね。

ところで、人間の性衝動は本能と考えられるが、どんなセックスをするかまでは本能的に決まっているわけではない。そういう意味でセックスのやり方は厳密な本能ではない。だから、同性としかセックスをしない人とか、マスターベーションしかしない人とかが時々いるわけである。こういう人ばかりだと人類はすでに滅んでいるに違いないが、現実には滅んでいないところをみると、ヒトは人類が絶滅しない程度には異性とセックスをするらしい。

子育てもセックスと同じように、厳密な本能行動ではないにせよ、ヒトの本性のどこかに子育て衝動といったものが刷り込まれているのだろう。子育ては親の責任と義務であるといった文化的基盤だけを頼りに、人類が今の今まで絶滅を免れてきたとは考え難いからだ。厳密な行動パターンではないにせよ、何らかの生物学的基盤を想定した方が合理的であろう。

多くの人にとって、生まれた子供を育てないのは苦痛なのだろうと私は思う。あるいはもっと積極的に子育てが楽しいという人も多いと思う。この二つが本当ならば、子育てに責任や義務を感じなくとも子供は育つ。中には子育てはイヤだという人もいるだろう（本能ではないのだから、そういう人がいてもしょうがない）。そういう人は子育てをしなければよいのである。但し、生まれた子供を捨てたりすると、社会的に面倒なことになるから、最初から子供を作らないのが一番である。

冒頭近くにも書いたように、自分の子供といえども、その存在に対して責任や義務はないのだから、楽しくつき合えればそれで充分だと私は思う。なまじ、子育てに責任や義務を感じるから、世間の物語として流通している理想的な子供像に育て上げようとして、ノイローゼになったりするのである。最初からそういうことを考えなければ、さしたる問題は生じない。死なない程度に飯を食わせてやり、適当に遊んでやれば、子供は立派に育つのである。

私は山梨大学に赴任してきて数年の間、暇さえあれば県内各地で虫採りに夢中であった。休日も虫採りばかりで、子供と遊ぶといっても虫採りに連れていくより能がなかった。上の男の子は小学校の低学年で、幸いなことに虫採りが大好きで、ホイホイとついてきた。もっとも子供にしてみれば、虫採り以外は何ひとつ遊んでくれないのだから、虫採りが好きになるより他はなかったのかもしれない。下の男の子は、まだ幼稚園児で足手まといだったので滅多に連れていってやらなかった。この子はクワガタムシが大好きな子で、かわいそうなことをした。私の場合は親（私のことだ）の都合が完全に優先していたので、私と遊んでもらう限り、私のやり方に従わざるを得なかったのである。

韮崎から増富に行く途中に根古屋《ねこや》神社という社があり、その前庭に田木、畑木と名づけられた大ケヤキが二本立っている。見事な老木で、二本一緒に立っている大ケヤキとしては日本一であろうと言われている。これにアカジマトラカミキリという珍しいカミキリがつくのである。夏休みが終わろうというある日、上の息子と採りに行った。先客が二人いて「朝から頑張っているんですけど、今日はどうやら日が悪いようですね」と梢《こずえ》を見上げながらつぶやいている。私も一緒になって見上げるが、葉にもついていなければ幹にもついていない。そのうち飛んでくるかも、と思いながら待っているが、一向にその気配はない。その時、ケヤキの根元で何やらゴソゴソやっていた息子が、採ったよ、と叫んでいる。ホンマかいな、と思ってのぞくと、本当にアカジマトラである。それも二匹。アイスクリームの空きコップの中で交尾していたという。

エライと言って大げさにほめる。びっくりしたのは朝から頑張っていた二人である。「よく出来たお子さんですなあ」と感心することしきりである。自分たちが採れなかった珍虫を小学校低学年の子に採られたのだから、まあそう言うしかないだろう。ほめられれば誰だってうれしい。それで上の息子はますます虫採りが好きになったようだ。あげくに、この子は私が採ったことのないカミキリムシまで採ったのである。

女房の実家から帰ってきて、色々もらった物を車のトランクから家に運んでいる時である。当時住んでいたのは、雨もりがするボロ官舎で、庭の木が繁り、十数軒の平屋が、森の中に埋まっているといった趣であった。車を降りて庭で遊んでいた息子が、カミキリ採ったと叫んでいる。忙しくて手が放せない私は、見たことがある虫かどうかを聞く。見たことがない虫だと言うので、荷物運びは後回しにしてカミキリをつかんで立っている息子のところに駆け寄る。果たして、私も見たことのない虫であった。日本未記録のカミキリである。もしかしたら新種かもしれない。私の興奮は恐らく尋常ではなかったと思う。

調べてみたらこの虫は、北アフリカやヨーロッパに産するもので、フィマトデス・リヴィドゥスという名がついていた。残念ながら新種ではなかったが、日本初記録であることは確かであった。パパも採ったことのない日本初のカミキリを採った、と息子はしばらく自慢していた。どういう経緯でヨーロッパの虫が、甲府くんだりで飛び跳ねていたのだろう。外材についてきたのだろうか。あるいはすでに沢山いるのかもしれない。そういうわけで、一週間余り、官舎とその周辺で一日二時間程、毎日虫採りをするはめになった。採れたのは同じフィマトデスでもテスタセウスという普通種ばかりで、リヴィドゥスはついに採れなかった。いい年をしたオッサンが昼間から捕虫網を手に目の色を変えて、ほっつき回っていたのだから、近所の人は気味悪かったに違いない。

下の息子が小学校に入学してからは、三人で虫採りに行った。小学生の時の下の息子の自慢は七センチを超えるミヤマクワガタを採ったことである。それは私の標本箱にびっしりと並んでいる日本産のミヤマクワガタの中で、未《いま》だに一番大きな個体である。息子二人は、言ってみれば、最も忠実な私の虫採りの子分であったのだ。

私は自分の楽しみのために子供を虫採りという遊びに誘ったのであって、子育ての責任とか義務とかについて、いっさい何も考えたことがなかった。子供はいつだってニコニコしながらついてきたのだから、恐らく楽しかったに違いない。私は子供を私の後継者として育てるつもりもなかった。だから、虫採りのプロとしての心構えを教えようという気持ちもなければ、必要な知識を教えようという考えもなかった。私は勝手に虫を採り、子供は私のまねをして見よう見まねで虫を採っただけである。

二人の息子は成人したが、ことさら虫を集めようとの趣味はないようである。私は子育てに責任も義務も感じなかったかわりに、気まぐれ以上のいかなる権力もふるわなかった。私は私のやり方で子供と遊んだだけである。それでも子供は死なずに生きている。この後どうなるか。それは私の知るところではない。

今日一日の楽しみ

引退した大相撲の寺尾が、今日一日の努力と称して「とりあえず今日一日だけ努力しよう。明日になったら休めばよいと思いつつ、明日が今日になり、あさってが今日になり、結局毎日努力をした」という話をしていた。同じく今日一日だけを考えるにしても、多くの人は、とりあえず今日一日だけ遊ぼう、明日になってから努力すればよいと思いつつ、明日が今日になり、あさっても今日になり、結局毎日遊んでいた、ということになりがちである（だからいけない、と言っているわけではない）。

小学生の時の私の夏休みは、まさにその典型であった。毎日虫採りで遊び暮らし、沢山出ていた宿題は、明日からやればよいと思っていたのである。夏休みに入る前からニイニイゼミが鳴き出して、心はもうすでに学校にはない。帰ればランドセルを放り出してセミ採りだ。夏休みに入るとすぐ、待望のミンミンゼミが鳴く。現在、東京の街なか、東大構内とか御茶ノ水とかでは、ミンミンゼミはアブラゼミと並んで最も普通のセミだけれど、私が小学生だった一九五〇年代の足立区（島根町という所に住んでいた）では、アブラゼミは佃煮《つくだに》にするほどいたが、ミンミンゼミは珍品であった。不思議なことに、同じ種類の虫でも、個体数が少ない地域ほど、なぜかすばしこいのだ。

たとえば、モンキアゲハという蝶《ちょう》がいる。日本産の蝶の中では最も大きい種類のひとつで、伊豆《いず》半島やさらに南の海岸沿いには普通にいる。昔、奄美《あまみ》大島に虫採りに行った時、沢山いたモンキアゲハがやけにのろまだったのでびっくりした覚えがある。分布の北限の高尾山あたりのモンキアゲハは珍品で、これが同じ種類かと見紛《みまが》うほどすばやく飛ぶ。沢山いる所では、みんなでのろのろ飛べば敵が来てもこわくないと思っているのかもしれないが、本当のところはよくわからない。

アブラゼミは、農家の裏庭にある防風林の大きなケヤキの木に、列をなして止まっており、手で採れる程のろまなのに、ミンミンゼミは梢《こずえ》近くに止まり、容易なことでは採れないのであった。たまに悪友の一人が一匹でも採ろうものなら、自慢気に見せびらかしにやってくる。しゃくにさわるので、沢山採って鼻をあかしてやりたい。というわけで、毎日、ミンミンゼミを採る算段を考える。明日はどうあろうとも、とりあえず今日は、セミ採りに全精力を傾けるわけだ。セミを採るには蝶を採るような大きな網は不向きである。枝に止まっているセミは網をかぶせても脇から逃げてしまうのである。色々と試行錯誤のすえ、針金で直径二十センチ弱の輪を作り、長い竹の柄にくくりつけ、この輪にクモの巣を幾重にもからませるという方法を考えついたのだ。

セミ採りを、今日一日の努力と考えれば、寺尾の話とおんなじであるが、異なるのはセミ採りは楽しみでやっているのであって努力ではないことである。もっとも、寺尾も稽古《けいこ》の後は一種爽快《そうかい》な気分になると語っていたので、稽古は最初から最後まで苦行であるというわけでもないらしい。実は激しい運動をすると、脳内にエンドルフィンという物質が分泌されるのだ。この物質は脳内のモルヒネ受容体に特異的に結合してモルヒネ様作用を現わすことが知られており、爽快になるのはそのせいなのである。別言すれば、運動をするのは一種の薬物中毒なのかもしれないということだ。毎日苦しい運動に励んでいる人は、本人は努力と思っているかもしれないが、本当は中毒だったりしてね。

セミ採りは中毒ではないので、あんなに採りたいと思っていたミンミンゼミも毎日採れるようになると、じきに飽きてしまう。遊びは文字通り、今日一日の遊びなのである。しかしセミ採りに飽きても、魚採り、カニ採り、ベーゴマ遊びなど、他に楽しいことはいくらでもあり、遊びそのものに飽きるということはない。やがて、無限にいるように思われたアブラゼミの数も減りだし、ツクツクボウシの鳴き声ばかり目立つようになると、にわかに宿題が心配になってくる。それでもまだ、夏休みはあと十日もあるから、とりあえず、今日は遊ぼうと考えるわけだ。それが八日になり五日になり二日になると、さすがにこれはまずいという気分になってくる。

「宿題やったか」と、友だちに聞いてみる。やってあるのなら丸写しにしようというわけであるが、実は、やってないのは聞く前からわかっているのである。宿題をやってない奴を何人か集めて不安を共有すれば、少しは気分が楽になる。宿題もみんなでやらなきゃこわくない、のである。それでも全くやらないわけにもいかないから、手分けしてやろうということになる。算数のドリルや社会の宿題はなんとかなる。問題は毎日かくことになっている絵日記である。一ヶ月も前の特定の日の天気や、出来事など覚えているわけがない。しょうがないから、適当なことを書く。ノンフィクション風のフィクションである。友だちと見せっこをすると、同じ日の天気が人によって晴れになっていたりくもりになっていたりする。宿題は花丸がついてちゃんと返ってきたところをみると、先生も真面目に見なかったのかもしれない。

子供は今日一日楽しいことをして、明日のことは考えない。寺尾のように、今日一日の努力と称して、明日のために苦労をするのは、人間の大人だけが行えるとても特殊な行動様式である。人間以外のすべての動物はそんなことはしない。たとえば、ライオンは草食動物を捕食するが、満腹している時にはただゴロゴロと休んでいるだけで、狩りをすることはない。必要以上にエサを捕っても、食いだめができるわけではないし、人間のように冷蔵庫といった悪魔的な道具をもっているわけでもないからだ。

ライオンは明日のことを考えないというよりもむしろ、ライオンの意識にとって明日という日は多分ないのである。ライオンが必要以上に草食動物を捕れば、ライオンにとっても実は不都合なのである。ライオンは狩りも本当は余り上手でないらしい。もし、ライオンが完璧《かんぺき》な捕食者であって、ゲーム感覚で必要以上にエサを捕れば、ついにはエサとなる動物が絶滅に瀕《ひん》し、ライオン自身だって困ることになるだろう。ライオンにとって、その日暮らしはそれなりに合理的な生き方なのだ。人類は、完璧な捕食技術を身につけたライオンのように、自然をどんどん食い潰《つぶ》し、六十数億の人口を擁するところまで来た。いずれ食糧難に直面してクラッシュを起こすかもしれない。個々の人間にとっては、明日のための今日一日の努力はとても大切なことかもしれないが、マクロに見て、すなわち種としての人類の安定的な存続のためには、マイナスかもしれないのである。

世間は「今日一日の努力」をする人間を勤勉だとほめ、「今日一日の楽しみ」だけの人間を極道と非難するが、はたして後者はそれほどよくないことなのだろうか。好きな女の子をデートに誘って、期待と不安にゆれながら、いつ愛を告白しようかと思い悩んだ経験をお持ちの方は多いだろう。それはヒトが今日の行動と未来の出来事を結びつけて考えるクセをもつヘンな動物だからである。ふられた時のみじめな気持ちを考えてしまうので、愛を告白するのは勇気が要るのだ。カミキリムシのオスは未来のことは何も考えないので、メスと出合った途端に交尾をしようとする。人間社会で同じことをすれば犯罪だけれど、はじめてのデートで、ものの十分もしないうちに、Hしようと言い寄る男は、どちらかといえばカミキリムシに近いのかもしれない。とりあえず、今日さえ楽しければ、明日はその女との関係がどうなろうと、知ったことではない、と考えているに違いないからだ。

こういう男が非難されるのは、未来のことを計画的に考えねばいけない、という強い文化的なバイアスが人間社会にかかっているからである。このバイアスは人間社会に文明をもたらした半面、未来がない（と思い込んだ）人間にとっての桎梏《しっこく》になったこともまた確かであろう。病気や失業で自殺をするのは、あるべき未来にいかなる希望も持てないと思い込むからに他ならない。

もともと未来（という観念）がない動物や子供は、だから自殺をしないのだ。私が結婚したばかりの頃、高校の恩師だったT先生にばったり出くわしたことがあった。私が高校の定時制の教師をしながら大学院に通っているという話をすると、先生は、自分も今は定時制に移って、昼間は大学院で勉強をして学者の道をめざしている。君もガンバレな、とはげましてくれた。去ってゆく先生の後ろ姿は希望に満ちているように見えた。T先生は二年もたたないうちに胃がんで亡くなられた。あらかじめそのことを知っていたら、先生は高校の教師と院生という二足のわらじをはいて頑張っただろうか。

人間は未来がわからないから、あるべき未来を夢みて頑張ることができる。たとえ二年後に胃がんで死んだとしても、未来を夢みて頑張っていたT先生は幸福だったのだ、と考えることはできるし、実際、幸福だったのかもしれない。しかし、中にはあるべき未来のために、イヤでイヤでたまらないことに耐えている人もいるかもしれない。イヤなことをやめたら、いきなり無一文になってしまうのであれば、だましだまし、イヤなこともゴマかして生きる他はないが、さしあたって食うに困らないのであれば、イヤなことはなるべくやらない方がよいという考えだってあると思う。

未来の楽しみのために、現在の苦しみに耐えられるのは、未来の楽しみと現在の苦しみをトレード・オフできるとの考えに基づいている。現在は空手形《からてがた》でないことは確かであるが、しかし、もしかしたら未来は空手形かもしれないではないか。未来が空手形であれば、このトレード・オフは成立しないのだ。そして未来が空手形となる確率は年と共に加速度的に増大するのである。「今日一日の努力」は未来がある人のコトバであって、五十歳以上の老人には「今日一日の楽しみ」こそ相応《ふさわ》しいコトバなのである。七十歳のジジイに、二十年後のことを考えて努力しろ、と説教するバカはいない。

私は元々なまけものだったけれど、最近とみにそう考えるようになった。イヤなことは可能な限り先送りするのである。あなたが五十歳以上だったら、絶対そうすべきだ、と私は思う。たとえば、会社でイヤな役目を今年か来年引き受けなければならないとしよう。上司はきっとあなたにこう言うだろう。「どうせやらざるを得ないのだから、早くやってしまった方が精神的に楽だよ。それに客観情勢からして、来年は今年より大変なのは確実だからね」。でもねえ、と私は思う。会社は今年の暮れまでに潰れてしまうかもしれないし、あなたも今年中にリストラされてしまうかもしれない。それにそのイヤな役目は会社の都合で今年限りで廃止になるかもしれないではないか。

反対に楽しいことはなるべく先送りせずに、即実行に移すべきである。暇になったら、ゆっくり温泉にでも行きたいな、と思ったら、有給休暇を取ってすぐ温泉に行くべきだ、と私は思う。来年あなたは脳梗塞《こうそく》で旅行どころではないかもしれないではないか。

エッ、なんですって。お前みたいな人間ばかりだったら、会社は左前になり、不況は益々ひどくなるって。おコトバですが、中高年が遊び惚《ほう》けてお金を使えば、景気はよくなるって。

グローバリゼーションの行方

最近、エチオピアから十六万年前と目される、ホモ・サピエンスの化石が発見された。これは、はっきりとホモ・サピエンスと判明した化石としては今のところ最古のものだ。当時、ホモ・サピエンスはアフリカにしかおらず、人口も恐らくせいぜい数十万人に満たなかったのではないかと私は思っている。それが十六万年後には六十億を優に超える人口になり、全世界に分布を拡げたのだから、グローバリゼーションはそもそも人類の本性なのであろう。

現生人類の起源については、大きく二説あり、ひとつは多地域説であり、もうひとつはアフリカ起源説である。前者はそれぞれの地域に住んでいた古いタイプの人類が進化して、それぞれの地域の現生人類になったとの説だ。たとえばアジア人は百五十万年以前からアジアに住んでいたホモ・エレクトスの直接的な子孫というわけだ。例の旧石器捏造《ねつぞう》事件は多少ともこの説に与《くみ》するものだ。私は捏造事件が発覚する一年ほど前に「日本には約七十万年も前にすでに住居を構えるほど高度な文化があり、この人たちが日本人の祖先になった可能性が高い」といった新聞記事（もちろん学者が書いたものだ）を読んで、かなりあきれた覚えがある。なぜならば当時すでに、世界各地の現生人類のDNAの解析から、すべての現代人はたかだか十五万年ほど前にアフリカに住んでいた小集団に起源することはほぼ確実だったからだ。日本の旧石器時代の研究者たちは、現代生物学の成果を何と思っているのだろう、と不可解であった。

今回の発見は、人類のアフリカ起源説を化石の証拠から裏づけたもので、よほどのこと（たとえばDNAによる系統解析はインチキだといったようなこと）がない限り、人類の起源に関する多地域説はもはや出る幕はないであろう。ホモ・サピエンスは十万年ほど前にアフリカを出てアジアとヨーロッパに拡がり、その地に元々住んでいたホモ・エレクトスやネアンデルタール人（ホモ・ネアンデルターレンシス）と置換したことは間違いない。直接的に殺したりすることはなかったかもしれないが、結果的に先行人類はすべて滅亡し、ホモ・サピエンスが全世界を制覇したのである。

生物は元来が保守的なものである。とりあえず生きている限り、形態や行動を変化させることは滅多にない。多くの生物種の個体にとって最もすばらしい生涯は親と同じように生きることだ。たとえば、マンボウは三億個の卵を産むと言われている。マンボウの成体の数が増えたり減ったりしないとすれば、雌雄が同数として、親になれる確率は一億五千万分の一だ。この一例だけを見ても、親と同じ生涯を送ることがどんなに希有《けう》な僥倖《ぎょうこう》であるかわかるだろう。しかし、環境が激変したり、他の生物種が侵入してきたりして、保守的だけではやっていけなくなると、生物は変わらざるを得なくなる。現在の生息地を離れて移動するのもそのひとつの現われであろう。生物とは生きんとする盲目の意志である、と言ったのは確かショーペンハウアーであるが、ここに生物進化の原動力があるのは見やすい道理であろう。

生物は二つの背反《はいはん》する衝動の結節点である。ひとつはなるべく保守的であろうとする衝動、ひとつは新しいことをしようとする衝動である。シーラカンスは二億年以上前からほとんど形が変わっていないところを見ると、後者の衝動がほとんどないのかもしれない。それに比べ人類は、後者の衝動が並はずれて強い生物なのであろう。チンパンジーと分岐したのは六百五十万年ほど前、そのあとすさまじい勢いで進化して、今のような姿になったのだから。生物の進化史とは、この二つの衝動を様々な割合でもつ生物たちが、自分たちの生き残りをかけて、競争したり妥協したりしたコミュニケーションの歴史である。

ところで、話はグローバリゼーションである。グローバリゼーションとは、お金や物や人が世界規模で動くことだ。それは明らかに新しいことをしたいという人類の衝動の一部をなしている。それに随伴して他の生物や病原体も世界規模で移動する。たとえば、グローバリゼーションなかりせば、世界を震撼《しんかん》させたＳＡＲＳ騒ぎもなかったであろう。人の移動速度が時速四キロメートルであった時代、病原体の移動速度もまた時速四キロメートルであったに違いない。中国南部で発生した新型のウイルスがあっという間にトロントに飛び火することなどあり得ないのだ。

SARS騒ぎは一応収まったようだが、第二、第三のSARS類似の騒ぎが起こるのは間違いないと思う。飛行機に乗るのは便利だからやめられないが、新型のウイルスは蔓延《まんえん》しないでほしいというのは矛盾した話なのである。もしかしたら、すさまじい病原体が猖《しょう》獗《けつ》を極めて、人類の人口が半減してしまうようなことだって起こり得るかもしれないのである。もっともそれは、人類による自然環境への負荷を軽くするということだから、人間以外の野生生物にとっては有難いことかもしれない。いやいやそれどころか、人口が減って未来の人類が住みやすくなるとすれば、未来の人類にとっても福音かもしれないのである。

ところで、グローバリゼーションの結果、移動するのはウイルスや細菌ばかりではない。動物も植物も、人類と共に移動する。かつて、オーストラリア大陸に広く生息していたフクロオオカミは、人類と共にオーストラリアに渡ったイヌ(ディンゴ)により滅ぼされたと考えられている。タスマニアに渡った人類はイヌを持ち込まなかったので、タスマニアではフクロオオカミは二十世紀の半ばまで生き延びたが、こちらは人類により滅ぼされてしまった。滅ぼしたのは先住民ではなく、つい最近ヨーロッパより移住してきた白人である。先住民の方はフクロオオカミよりずっと前に白人により滅ぼされてしまったのだ。最後の先住人（タスマン人）が死んだのは一八七六年のことである。こういうのもグローバリゼーションと言うんだろうね。

最近は、外来種は固有生物相を減少させ、生物多様性の敵であるから徹底的に駆除すべし、という勇ましい意見もあって、なるほどなるほどと思っているんだけど、イネもコムギもトウモロコシもサツマイモも外来種であるから、そういう人は日本固有の野草だけ食って生きているんだろうね。エライね。私にはとてもマネができない。日本で今一番槍玉《やりだま》にあがっているのはブラックバスである。たとえば琵琶湖《びわこ》に侵入したブラックバスは琵琶湖固有の魚の稚魚を食ってこれらを減少させているという。ブラックバスにより絶滅した日本の固有魚は種の単位としては、私の知る限りはいないと思うが、よしそういうことになったとしても、十万年前にアジアとヨーロッパに侵入した人類が、ホモ・エレクトスやネアンデルタール人を滅ぼしたのと同じことではないか。自分のことを棚にあげてよく言うわ、と私は思うのである。もしかしたら、十万年前の御先祖様の罪滅ぼしをしようとしているのかもしれないけどね。

ブラックバスが大増殖をしているのは、日本の生態系にそれを許す余地があったからだ。多くの外来種は人工的に導入されても、生態系（そこの風土と土着の生物たち）に存続を許されず滅んでしまうことが多い。生態系もまた新奇を好む半面、ひどく保守的でもあるからだ。たとえば、養蜂《ようほう》業者により大量に飼われているセイヨウミツバチは、日本の野外ではうまく繁殖できない。日本の土着種のニホンミツバチとの直接的な競争に敗れるためではない。ミツバチの天敵であるオオスズメバチと闘う術《すべ》を知らないからだ。ニホンミツバチはオオスズメバチが襲ってくると集団でだんご状態に取り付いてこれを熱死させてしまう。いよいよ巣の防衛が不可能になると、巣を放棄して女王と一緒に逃げる。そういうやり方を知らないセイヨウミツバチは日本の野外では生きていけないのだ。

中には侵入してしばらくの間は猛威をふるうが、長い年月の間に落ち着いてしまう外来種もある。街路樹の大害虫として恐れられたアメリカシロヒトリも今では大したことはない。ブラックバスもいずれそうなるかもしれない（ならないかもしれないが）。昔、大流行したフラフープみたいなものだ。在来種もしたたかなのだ。そもそも現在の生態系自体が在来種と外来種の競争と共存の歴史の産物なのである。外来種さえ排除すれば生物多様性が守られるといったそんな単純な話ではないのだ。

人間もまた生物である以上、保守的な側面を強く持っている。新奇な事物が押し寄せてきても、流行するものもあればしないものもある。ケータイはあっという間に日本全国を席巻《せっけん》したが、キリスト教もイスラム教も一神教はついにこの国になじまないようだし、何年間も英語教育をしているのに自在に英語を喋《しゃべ》れる人はごく少ない（だからいけない、と言っているわけではない）。人間の保守性に強く根ざした文化や習慣は、変えようと画策しても容易には変わらないし、変化を阻止しようとしても、怒濤《どとう》のように変わってしまうものもある。

アメリカは世界のすべての国を民主主義の国家にしたいと目論《もくろ》んでいるようであるが、これだけ民主主義が蔓延している世界で、民主国家にならない国にはそれなりの根拠があるに違いない。武力でイラクに民主主義を導入しようとしても、導入される方の国にそれを受け入れるだけの素地がなければ、日本の野に放たれたセイヨウミツバチのようになるに違いない。イラクにおけるオオスズメバチにあたるものは何なのか。それがわかれば、それを取り除けばよいわけだが、それは恐らく個々のイラク人の脳に住みついている観念のようなものだから、簡単に取り除くわけにはいかないだろう。もちろん、アメリカがイラクに導入しようとしているのは民主主義ばかりではないだろうから、イラクは全く変わらないというわけではないだろうが、アメリカの思っている方向へ変わるという保証はどこにもない。

あるシステムから何らかの要素を取り除く。あるいは何らかの要素をつけ足す。するとシステムはどう変わるか。外来種の問題もアメリカのイラク侵攻もグローバリゼーションも結局はそういう問題である。これは典型的な複雑系の問題だから、答えは、やってみなければわからない。その結果システムが変われば、システムの境界条件もルールも変わってしまうため、もはや元に戻すのは不可能になってしまう。

グローバリゼーションの波は否応なしに押し寄せてくる。システムは国家ばかりとは限らない。最も小さいシステムはあなた自身でもある。社会の中にもあなたの中にも、意識するにせよしないにせよ、多少とも保守的な部分はあるはずだ。保守性とグローバリゼーションという二つの要素群は、恐らく複雑な反応を起こし、未来予測は難しくなる。グローバリゼーションは世界を均一にすると思っている人がいるかもしれないが、それは多分間違いである。未来は今よりもずっと不透明になるに違いない。生きているとは、そもそもそういうことなのであるから、面白いと思う他はないけどね。

趣味に生きる

趣味というのは何だろう。はたから見て、それがなくても生きるのに困らない道楽のことであろう。もちろん、「はたから見て」というところが肝腎《かんじん》であって、本人は命の次に大事だと思っている場合もあるにしても、他人から見れば、ただのもの好きにすぎないというのが、趣味の趣味たるゆえんであろう。

もう大分前になるが、宮ヶ瀬《みやがせ》湖というダム湖に女房と遊びに行ったことがある。神奈川県の丹沢《たんざわ》の山麓《さんろく》で、ダムができるずっと以前はギフチョウの大産地であった。小学生の頃から昆虫少年だった私は、四十年程前に、ここでギフチョウを沢山採ってうれしかった想い出がある。残念なことに丹沢山塊から高尾山、多摩《たま》丘陵にかけてのギフチョウは、石砂《いしざれ》山の個体群を残して全滅し、今では標本が残るばかりとなってしまった。宮ヶ瀬湖の周りには、春になれば今でもギフチョウが飛んでいるが、このギフチョウは新潟県あたりのものを誰かが放蝶《ほうちょう》したことに由来するらしい。他産地からの放蝶は邪道だと言って非難する人もいるが、放蝶されてそこで生きているギフチョウに罪はない。

私が女房と宮ヶ瀬湖に行ったのはギフチョウが飛ぶ春ではなく、九月の中旬であった。別に何かをしようとの目的があったわけではなかった。ダムの畔《ほとり》に立派な公園があり、そこにポポーの樹が植えてあり、実がなっていた。ポポーというのは北米原産の果実で、バナナとアボカドの中間のような味と香りがする。長径十センチ、短径五センチくらいの長楕円形《だえんけい》の黄緑色の実は、秋になると熟《う》れて地面にドサッと落ちる。その瞬間を見逃さずに取って食うのが最高の食い方である。落ちた実を一日でも放置すると、ダンゴムシやアリに食われて、せっかくの美味が台無しになる。そうかと言って樹になっている実は苦くて食えない。

私と女房は公園の一角のポポーの樹の下で落ちたばかりの実を探していた。そういう時には必ず「何をしているんですか」と聞く人がいる。私たちがかかえているポポーの実を見て、「それ、食べられるんですか」と聞く人もいる。実は猛毒でゴキブリを殺すために使うんです、とウソをついてもいいんだけれども、根が正直なものだから、ついつい本当のことを言ってしまう。食べられると聞いた途端に探しはじめる人もいる。中年の女の人に多い。別に男女差別をしているわけではないが、女の人は金目のものと食物以外には興味のない人が多いみたい。それが証拠に、「何をしているんですか」と聞かれ、「虫採り」と答えると、大半の女の人はその瞬間、すでに半歩あっちの方へ踏み出している。

ポポーの方は勝手にして下さい、というわけで、とりあえずトイレに行く。公共施設のトイレというのは何でこんなに立派なんだろう。やっぱりゼネコンに金をもうけさせるためなんだろうか、と考えながら朝顔の前に立ち、ふと天井を見上げると、何と巨大な蛾《が》が止まっているではないか。ヤママユだ。翅《はね》を拡げると十三センチにもなろうかという雌で、黄褐色の地に透明な眼状紋が見える。沖縄の与那国島《よなぐにじま》にヨナクニサンという開翅張二十五センチに達する世界最大級の蛾がいるが、本州ではヤママユが一番大きな蛾だ。昔、この蛾の幼虫を飼ってまゆを作らせ天蚕糸《てんさんし》を採取していたという。幼虫だって恐ろしく巨大なのだ。虫の嫌いな人に見せたら仰天するかもしれない。

なんてことを考えているうちにオシッコの方も終わり、さて、ヤママユを採らなくちゃ、ということになった。昔、タイの山奥で立ちションをしながらふと下を見たら、ヒゲブトオサムシという五ミリほどの虫が這《は》っていて、あわてて拾ったことがある。この仲間は何種類もいるが皆珍品で滅多に採れない。この時採ったのは生涯で二頭目のヒゲブトオサで、私があわてたのも無理はなかったのだ。おかげで、ズボンとクツはびしょぬれになったけれど、それでうれしさが減るということはないのである。しかし、もちろん、ズボンもクツもぬれないに越したことはない。這っているヒゲブトオサは逃げるけれど、止まっているヤママユはまず逃げない。それで悠々とトイレを出て、捕虫網と三角管と毒ビンを車に取りに行く。この三つの道具はいつも車のトランクに入っているのである。

山中のトイレは蛾の宝庫である。それも最近建ったばかりの立派なトイレであればある程よい。暗くて臭くて汚いトイレはダメである。蛾は大小便が好きなわけでものぞきが好きなわけでもない。夜、灯《あか》りに飛んでくるのである。最近の山中の立派な公衆トイレは水銀灯まで設置してあったりして、夜中に蛾が次々に飛来してくるのだ。飛来した蛾は一度位置を決めてべったりと止まると、次の日の昼になってもそのままである。トイレに止まっている蛾を採るのは案外難しい。採り損ねるとトイレの床に落ちてしまう。床ならばまだ我慢もできるが便器の中に落ちたのを拾うのは案外勇気が要る。大きな捕虫網を蛾の下に受けて、別の棒で突つき、網の中に落とすのが一番確実な採り方である。

ところがである。人気のないトイレならばともかく、次々に人が出入りするトイレの中へ、大の男が捕虫網を持って入っていくのは、便器の中へ落ちた蛾を拾うのと同じくらいの勇気が必要なのだ。あまつさえ、私の捕虫網は口径が六十センチとバカでかく、否が応でも目立つのである。しかし、そうしなければ、あの見事なヤママユは採れないのだから、そうするより仕方がない。余り出入りがない時を見計らってトイレの中に入っていく。件《くだん》のヤママユはまだ同じ所にべったりと止まったままだ。慎重に網をあてがって、もう一方の網の柄の根元で軽く蛾をたたいて、首尾よく大きな網の中に落とす。ヤママユは驚いてバサッバサッと網の中で暴れている。鱗粉《りんぷん》が飛び散っているのが網の外からも見える。網に入れたままトイレの外へ運び出し、バタバタしているのを手で取り押さえ、胸を思い切って押して気絶させ、三角紙に包んで一件落着である。

しかし、話はこれで終わりではない。トイレの天井には実にまだ四頭ものヤママユが止まっていたのである。それらも同じようにして次々と採るわけだから、何人もの人に、何を採っているんですかと聞かれない方が不思議である。そうやって、やっと五頭仕留める。五頭も採れば満足でしょうと言う人は、趣味というのがわかっていない。昨夜トイレに飛んできたヤママユは一頭残らず採るのである。五頭というのは男子トイレだけの数である。女子トイレにはもっと巨大な奴がもっと沢山いるかもしれない。こういう時に女房は役に立つ。網がとどく範囲だけでよいから採ってきてくれないかと頼む。どうせ掃除の時に、ブラシの先でたたき潰《つぶ》されて殺されてしまうのである。私に殺されれば、私の標本箱の中でしばらくの間燦然《さんぜん》と輝いていることができるのである。

と、まあ勝手な理屈を立てて、捕虫網を持って恐る恐る女子トイレに入って行く女房を見送る。しばらくすると一頭のヤママユを網の中に入れて出て来た。エライ、さすがにオレの女房だ、と言ってほめる。『気がつけば騎手の女房』と題する本があったけれど、私のカミさんは、気がつけば虫屋の女房だったのである。聞けばまだ三頭いると言う。健気《けなげ》なことに一頭また一頭と採ってきてくれる。周りの人は惘然《ぼうぜん》としている。蛾を採るオッサンというのでさえ不思議なのに、蛾を採るオバサンというのは想像の範囲を超えているらしい。

一人の初老の紳士が好奇心まる出しで聞いてくる。

「それ、採ってどうするんですか」

「別にどうもしません。ただ集めているだけです」

「ただ集めるって……趣味ですか」

「まあ、そんなようなもんです」

「いい趣味をお持ちですなあ。趣味に生きてるんですね」

最後はもの好きにも程があるという顔をしている。趣味に生きるなどとは考えもしなかった当方は、逆にちょっとびっくりする。珍しい虫や大きな虫がいたら採る、というのは小学生の時から習い性になっている行動であって、生活の一部である。別に意識してやっているわけではないので、趣味に生きているんですねえ、などと言われると、面映《おもは》ゆい。しかし、世間一般から見れば、お金にも腹の足しにもならぬものをせっせと集めている人は、やっぱり変人なのであろう。

虫をただ集めるという行為を理解してもらえないのは日本だけではない。東南アジアの僻地《へきち》へ行って虫を採っていると現地の人が寄ってくる。虫を集めてどうするんだ、と聞かれたら、食物かまたは薬にする、と答えればよい。なまじ本当のことを言うとかえって怪しまれる。数年前にラオスに虫採りに行ったことがある。虫好きが高じて中国や東南アジアで虫を採り歩き、ラオス人の奥さんをもらってビエンチャンに住んでいる若原弘之君の案内で、ラオスの奥地へ行ったのである。若原君の半生は聞くだに面白すぎる。余りにも波瀾《はらん》万丈で、公表するには差し障りがありすぎて、書くことができないのが残念である。一緒に行った西村正賢君も虫採りがうまいけれど、若原君のうまさは神技である。深い谷にかかる橋の欄干の上を走って蝶を追いかけるのである。下は二十メートルはあろうかという谷底である。恐くないのと聞いても、道を走るのと同じだと言いながら、台湾でゼフィルスという蝶の卵を採った時のことを話してくれた。卵は高さ三十メートルもある樹の梢《こずえ》に産みつけてあるという。それを木に登って採るのである。上の枝に手さえかかれば、どんなに高くても登れるとのこと。「それでね、一度登ると下りてくるのがめんどうでしょう。だから樹をゆすって隣の樹に飛び移るんですよ」と若原君は言った。

若原君にとって、虫を採るのは人生そのものである。趣味に生きるとか、そういうレベルの話ではないのだ。若原君が連れて行ってくれた田舎はウドンサイという所である。オウドンクサイ（OUDOM XAY）と書く。一緒に行った養老孟司《ようろうたけし》は、「池田君、探せばメンドクサイという村もきっとあるよ」と楽しそうである。私が二言目には面倒臭いと言うからであろう。ウドンサイは立派な街である。実際に虫採りに行ったのは、ここからさらに四輪駆動車で三時間も走ったナンボタカイという集落である。

集落に着くとすぐに子供たちが集まってくる。網をふって虫を採って見せると、しばらくすると手に手に虫を持って帰ってくる。てのひらに山盛りのカメムシを持ってやってくる子がいる。見ると全部、翅と脚がもいである。それを、私の目の前にさし出す。これじや、標本にならないなあ、と途方に暮れている私を不思議そうに眺めて、その子はそのうちの一匹をパリパリと食べて、にっこりほほえんだのである。瞬時に私は理解した。そうか、カメムシは食物だったのか。それでわざわざ食べ易いように、翅と脚をもいで持ってきてくれたのだ。カッパエビセンならぬカッパカメセンである。それにしてもあの臭いカメムシがおやつとは。そうは言っても、虫は集めるものではなく食うものだという理解の方が普遍的であることは間違いない。

それでヤママユの話はどうしたかというと、九頭採ってホクホク顔で引きあげる途中で、ポポーの樹に寄ってみたのだ。な、なんと、樹になっている実はすっかりなくなっているではないか。そういえばさっき、樹になっているのは苦くて食えねえ、と教えてやらなかったっけ。知〜らねえ〜っと。

アモク・シンドローム

池田小で児童八人を殺害した宅間守被告に死刑の判決が下された（二〇〇四年九月執行）。新聞等の伝えるところによると、宅間は判決の前に、「死刑になるんだから、最後に言わせてほしい」などと繰り返して発言したため、退廷させられたらしい。それで被告不在のままの異例の死刑判決となったとのこと。被害者の家族に敵意むき出しの発言までしたというから、殺された子供の親は、宅間を八つ裂きにしても足りないと思ったに違いない。

宅間の犯罪は、動機も目的も常人には理解できない無差別殺人であるが、世界的に見れば決して特別な犯罪というわけではない。たまたま、スティーブン・ピンカーの『心の仕組み』（NHKブックス）を読んでいたら、トマス・ハミルトンという男の犯罪の話がでていた。この男は一九九六年三月十三日にスコットランドのダンブレーンという田舎町の小学校にリボルバー二丁と半自動拳銃《じどうけんじゅう》二丁をもって押し入り、体育館で遊んでいた子供二十八人を撃って十六人を殺し、さらに教師を殺したあと、銃口を自分に向けた。ハミルトンはかつてボーイスカウトのリーダーだったが、小児性愛者の疑いをかけられてクビになり、世間をうらんでいたという。

ピンカーはハミルトンの殺人を「アモク」というカテゴリーに分類している。「アモク」はマレー語で、愛やお金や面目を失った孤独な人がときに起こす錯乱した殺人騒ぎのことだ。ピンカーによれば、パプアニューギニアの田舎でも「アモク」シンドロームが見られるというから、これは現代社会にのみ特有の病ではないのだ。ピンカーはアモク・シンドロームにかかった人を調査した心理学者の研究から次のような話を引用している。

私は重要人物ではない。自分なりの自尊心をもっているだけだ。私の人生は耐えがたい侮辱でしかないものになってしまった。だからもう、なんの意味もない命のほかに失うものはないので、自分の命を人の命と交換する。交換は私のためにするのだから、一人を殺すだけではなく、大勢を殺す。そして同時に私が属している集団から見た私の名誉を回復する。その過程で死んでしまってもかまわない。

(『心の仕組み』(中)、二二八―二二九頁)

アモクもまた名誉、侮辱、復讐《ふくしゅう》といった普通の人が有する感情と無縁ではない。ただ、常人には理解できない形で顕現したのである。何が正常で何が異常かは難しいが、大多数の人が抱く感情を正常、少数者のそれを異常と呼ぶならば、アモクは異常に違いない。しかし、それとて人間の脳の働きのひとつの現われであることは間違いない。多くの人は自分の肉親が理不尽に殺されたら、殺した者に復讐をしたいと思うだろう。アモクは世間一般に侮辱されたと信じ込み、世間一般に対して復讐を企てたと考えれば、理解できないこともない。不思議なのは人はなぜ復讐といった非生産的な行為に命を懸けたりするのだろうということだ。

人間以外の動物は決して復讐などということは考えない。たとえば、ライオンに子供を食われた草食動物が、ライオンに復讐を企てたといった話は聞いたことがない。あるいは集団でしょっちゅう戦争をしているアリも復讐をすることはなさそうだ。

ヘルドブラーとウィルソンというアリの大家が書いた『蟻の自然誌』（朝日新聞社）に次のような話がでている。

アメリカ合衆国の南部にヒアリとノコバオオズアリという二種のアリがいる。ヒアリはオオズアリの最大の天敵で、オオズアリより個体の大きさはずっと小さいが、コロニーが百倍も大きいため、狭い環境（たとえば、実験室内）で同居させると、オオズアリのコロニーは即座に殲滅《せんめつ》させられてしまう。しかし野外ではこの二種は同所的に共存している。オオズアリの働きアリは巣の周りの地面を常にパトロールしていて、ヒアリを発見するとヒアリに向かって突進してちょっと触れて、大急ぎで巣に戻る。報《しら》せを聞いて巣からは兵隊アリと働きアリが動員され、徹底的にヒアリを探し出して殺してしまう。特に兵隊アリはペンチのような強力な大顎《おおあご》で、ヒアリを切り刻んでしまう。

ところで、この兵隊アリ、普段は巣内でただゴロゴロしているだけのなまけ者なのだという。但し、一たび事が起きれば決して逃げず命の限り闘うのである。働きアリのパトロールと兵隊アリの殺戮《さつりく》作戦が成功している限り、ヒアリのコロニーにとってオオズアリのコロニーは存在していないのと同じである。どんな生物にとっても認識できないものやことは存在していないのと同じなのだ。多くの人は世界は客観的に存在すると思っているようだが、アリを見ているとそれが幻想だということがよくわかる。

まれにヒアリは大部隊をくり出してやってくる。オオズアリの防御網を脱出して巣に帰ることがある。するとヒアリは大部隊の偵察個体がオオズアリの防御網を脱出して巣に帰ることがある。すると
込み、激しい闘いになる。多くの場合、数に勝るヒアリが優勢になり、オオズアリの働きアリは巣に退却し、脱出の準備をはじめる。その間、兵隊アリたちは巣の入口の周りの狭い境界線を固め、徹底抗戦するのだ。働きアリは、幼虫や蛹《さなぎ》を大顎に挟んでひたすら逃げる。女王でさえ単独で逃走するという。しかし、兵隊アリは決して逃げず、死ぬまで闘うのである。オオズアリの巣の周りは死屍累々《ししるいるい》となり、ヒアリはオオズアリの死体を食糧として持ち帰って闘いは終わる。

ヒアリがオオズアリのコロニーを襲撃するのは食うためなのだ。逃げたオオズアリたち

はしばらくすると巣に戻ってきて、何ごともなかったように生活を再開する。ヒアリに対する復讐戦は決して起こらない。アリたちには感情といったものはないのだ。ダーウィン進化論の教えるところによれば、適応的でない形態や行動は淘汰《とうた》され、生物は徐々に適応的になるという。適応的とはダーウィン進化論の文脈では、より沢山の子孫を残すことだ。ヒアリに対して復讐を試みても子孫を残すためには何の役にも立ちはしない。この話にはもちろん前提がある。形態や行動は多少とも遺伝しなければならないことだ。アリは生きている機械であり、アリの行動は刺激・反応系としてほぼ自動的に決まっている。

これもアメリカの話だが、シュウカクアリという主に種子を食べるアリがいる。朝早くパトロールアリが出動して、今日の餌場を確定して巣に戻ってくる。餌取りアリたちはパトロールアリに指定された場所でのみ餌探しをして他の場所は見向きもしない。たとえ、巣と餌場の間にアリが好む種子を置いておいても、アリはわざわざその上を乗り越えて餌探しに行くのである。アリの脳は極めて単純で、決まったやり方以外はできないのだ。

アリに比べると人間の脳は極めて複雑で、時に予想もできないことをしでかす。宅間のようなアモクが出現するのも、人間の脳が複雑になったゆえなのである。アリの単純な脳も進化の産物なら人間の複雑な脳もまた進化の産物である。では脳はどのようにして進化したのか。前出のピンカーは人間の脳もその機能としての心も、すべて自然選択により進化したと主張する。こういう立場を進化心理学と呼ぶ。たとえば、男はなぜ浮気をしたがるのか。それは、浮気をする方がしないより沢山の子孫を残せるからだ。だから、浮気をしたがる性質が多少とも遺伝的なものであるならば、この性質は徐々に浮気をしたがらない性質を淘汰するに違いない。その結果、世の中は浮気をしたがる男であふれてくる、というわけだ。なるほど、この説は男の浮気をとても見事に説明できる。しかし、見事に説明できることは、その説が正しいことを意味しない。

人間はとても適応的とは言い難い行動を沢山する。たとえば若者の自殺。自殺をするという性質は、特に若いうちは子孫を残す上でマイナスに決まっている。自然選択の結果、とっくに淘汰されてもよさそうではないか。ほかにも非適応的な行動は沢山ある。たとえば、オナニーをする。これは子孫を残すことからすれば無駄の極致であろう。あるいは、芸術を愛《め》でるとか、虫をただ集めるためだけに集めるとか。その他沢山。そのうちのひとつが、自らの命を懸けての復讐であろう。

ピンカーは、こういった一見非適応的な行動は、人間が昔、狩猟採集生活をしていた時の適応が残っているか、さもなくば、脳が適応的な進化をした結果の副産物だと主張する。しかしねえ、と私は思う。何でもかんでも自然選択で説明しようとするのは、一種の原理主義ではないのだろうか。自然選択は、何であれ作られたものを淘汰するところに関与しているだけで、作ること自体に関与しているわけではない。この話は長くなるので、詳しくは私の本を読んでもらうほかはないが（たとえば、『さよならダーウィニズム』講談社、

『生命の形式』哲学書房)、自然選択は人間の脳の構造を大幅に変更することはできなかったし、これからもできないであろう、と私は思う。

それで話はアモクである。アモクもまた、人間の脳の可能な機能のひとつである以上、ある確率で今後も必ず出現するに違いない。残念ながら、出現を完全に阻止することは不可能であろう。現代国家は、法の下での個人による復讐を禁じた。娘がレイプされた果てに殺されても、親は犯人に直接報復することはできないのである。暴力による報復をすれば国家により犯罪とみなされるだろう。

現代国家は法を破った者への制裁権を一手に握り、それを他の誰にも譲ろうとしない。それは現代国家の根拠のようなものだから、個人による報復を今後も許すことはないであろう。さらに国家が犯罪人を罰するのは報復のためではない。国家の秩序を維持するためである。従って、宅間のような凶悪犯により殺された被害者の肉親の復讐心は決して癒《いや》されることはない。

どうすればよいかと聞かれても、私にはどうすることもできない。宅間が土下座して謝れば、遺族の気持ちは少しは収まるかもしれないが、死を覚悟して悪の道に徹しようと思っている者には、どんな説教もムダである。不祥事を起こした会社の役員が無闇に土下座するのは、少なくとも死刑にはならないことも、一因であることは確かであろう。どんなささいな不祥事でも即、死刑と決まっていれば、中には悪態の限りを尽くす人もいないとは限らない。宅間の判決の後にコメントを求められ、せめて最後は人間らしさを取り戻してほしかったと述べた人がいたが、文句を言われるのを承知で言えば、宅間の言動は充分に人間らしいと私は思う。人間は天使のようにも悪魔のようにもなれる。アリと比べてみれば、それは一目瞭然《りょうぜん》である。アリは悪態もつかなければ謝りもしない。ただ本能の命じるままに行動するだけだ。

昔、多くの人は宗教を信じていたから、最後に悔い改めれば天国（極楽）に行けるとおどかすことができた。今日、多くの人は死ねば死に切りと思っているので、死ぬと決まった人間は、ある意味では無敵になってしまう。直接的な欲望と死を隠蔽《いんぺい》することにより成立しているこの社会は、宅間のような男の出現に、なす術《すべ》もなくうろたえているように見える。

合法的に対処する方法がないわけではない。死刑の方法をいくつか設け、宅間のように悔い改めない犯人は、たとえば火あぶりにするとか決めれば、宅間といえども、普通の死刑にして下さいと懇願するかもしれない。

しかし、他人の死刑を見物することが庶民の娯楽だった昔のイギリスならばともかく、パターナリスティックな矯正主義を採る現代刑法の下では、そういうのはやっぱり無理だろうね。

食べる楽しみ

所用があって日光に行った。ついでに湯波《ゆば》を食って、東照宮と滝を見た。ゆばは普通、湯葉と書くのだが日光ではなぜか湯波と書く。日光に住む知人が時々送ってくれるのを食べて、日光の揚巻湯波は絶品だとかねがね思っていたので、是非とも本場で賞味したかったのである。創業百年という元祖日光ゆば料理屋なる店に入る。法事でもやるような大広間に通されて、料理が出てくるのを待つ。これからうまいものが食えると思うとうれしい。飾り棚にステンドグラスで作った行燈《あんどん》風のランプが置いてある。最近、ステンドグラスに凝っている女房が何のかんのと説明しているのを聞きながら、早く料理がこないかなあと思っていた。

食卓の前に坐《すわ》らされて、父親が来るまで待たされていた小学生の頃を思い出した。小学生の時は何でもうまかったが、歳をとると好みが狭くなり、なるべくならうまいものだけを食いたいと思うようになる。あと二十年生きるとして、食事はせいぜい二万回位しかできないのだから、まずいものを食ったら損である。たばこを吸わなくなってからしばらくの間は、ただぼうっとしているのは手持ちぶさたで、身の置き所がなかった覚えがあるが、最近は慣れて、ぼうっとしているのも人生の楽しみだと思うようになった。料理がくるまでのつかの間などというのは、考えようによっては至福の時かもしれないのである。

なんてどうでもいいことを考えているうちに料理がでてきた。まず刺身ゆばを食う。なかなか乙な味である。次に田楽を食う。これはちょっと甘過ぎる。他のはどうかと箸《はし》をつけていったら、何と残りは全部甘過ぎだったのである。これではせっかくのゆばの味が台無しである。創業して百年間、進歩がねえのかこの店は、と口には出さなかったけれど悪態をつく。後で女房に聞いたら、彼女も味付けは最低と言っていたから、私の味覚がバカだったせいではないと思う。一見《いちげん》さんだけを相手にしている有名観光地の店では、時々こういうことがあるので注意が必要なんだよねえ、と言ってみたところで、食い物ばかりは食ってみなけりゃわからないのだから、注意のしようがない。

東照宮はガキばかりである。神社仏閣の良さは大人にならなきゃわからないと私は思う。子供は中禅寺《ちゅうぜんじ》湖のほとりでキャンプでもしていりゃいいんだよ、と悪態をつく。ゆばの怒りがまだ収まらないのだ。私も小学生の時、遠足で日光に来て、東照宮も見たはずだが何も覚えていない。小学生は虫採ったり、魚を採ったり、木登りしている方が楽しいのではないだろうか。ガキの喧噪《けんそう》の中で見る神社ほど興醒《きょうざ》めなものはない。それで東照宮はさっさと引きあげて、裏見の滝を見に行く。華厳の滝、霧降の滝と並んで日光三名瀑《めいばく》のひとつだそうだが、余り有名でないのと少々不便な所にあるためか、観光客は少ない。小学生の群れがいないのが何よりうれしい。

滝はどんな小さなものでも見ていて飽きない。滝の見え姿は時々刻々と変化するのだが、すべての変化はある枠の内部にありそこから逸脱することはない。その意味で滝や川は生物に似ている。昔、鴨長明《かものちょうめい》が川の流れを見て生物を連想したのもうなずける。さらに滝はダイナミックであるが自分自身が動くわけではない。ここには、変と不変、時間と永遠が凝集している。台風が来て高波の押し寄せる浜に見物に行って、波にさらわれる人が時々いるのも、わかるような気がするのである。裏見の滝というのは、滝の裏側から見ることができたのでそう呼ばれるのだが、音声だけ聞くと何か恐ろしい事件に由来しているのだろうかとつい思ってしまう。滝に行く途中に裏見台という地名を見つけて、私はちょっとぎょっとしたのであった。性格が悪いせいだな、きっと。

ところで、話は滝でなく食い物である。若い時は、何を食ってもうまかったせいか、とりたててうまいものを食いたいという情熱はなかった。二十歳前後の頃は、虫採りと麻雀《マージャン》に忙しくて、一錠飲めば一年間腹がすかない薬があれば、百万円で買うなどと豪語していたくらいなのである。それが、四十歳を過ぎる頃から、食うことが楽しみになり、五十歳になる頃から、なるべくならまずいものは食いたくなくなった。ぜいたくになったのだと言えばそれまでだが、他の楽しみが徐々になくなったせいだと思う。

歳をとるということは、今まで何ということもなしに行えたことが徐々にできなくなってゆくプロセスである、と高田宏がどこかに書いていたが、スキーもあきらめた、山登りもあきらめた、あれもこれも、もうできない、といった果てに、最後まで残るのは食うことであろう。私を構造主義生物学に引きずり込んだ柴谷篤弘は、七十歳代の終わりになって『オーストラリア発 柴谷博士の世界の料理』（径書房）と題する本を出版した。蝶《ちょう》の蒐集家《しゅうしゅうか》だった柴谷が、蝶の採集ができなくなってから出版したのが料理の本だというのも、このあたりの事情と関係があるのだと思う。ずっと歳をとったらどうなるかは知らないが、今のところ、私は自分で料理を作る趣味はない。他人の作ったうまいものを食うだけで充分である。それ以外に食うことで興味があるのは、自分で採集したものを食べることである。

自分で採集する食物で一番ポピュラーなのは、山菜ときのこであろう。釣りをする人なら魚であろう。私の場合はこれに昆虫が加わる。料理はもちろん女房がするのだ。一番最初に凝ったのはきのこである。四十歳少し前に八王子《はちおうじ》市高尾に引越すまできのこに興味はなかった。虫ばかり採っていたので、きのこにまで手が回らなかったのである。もちろん、虫は食うために採っていたわけではない。高尾に引越してきたばかりの頃も、暇さえあれば虫採りをしていたが、だんだん採る虫がなくなってきて、虫採りに行ったついでに目につくきのこを採ってくるようになった。ところが名前がわからない。きのこの図鑑で調べても、採ってきたきのこの半分もわからない。これは虫の世界よりも解明が遅れているんじゃなかろうか、と秘《ひそ》かに思ったものであった。たとえば蝶は、日本で採ったものであれば、図鑑に載っていないことはまずない。載っていないと思うのは見方が悪いせいである。本当に載っていない蝶を採れば大ニュースであろう。きのこはどうやらそこまで研究が進んでいないらしい。

きのこも蝶や甲虫のようにきれいな標本が作れれば、私もそうしたに違いないが、きのこの標本はまるできれいじゃない。いきおい採ってきたきのこは食えるかどうか、さらにはうまいか否かだけが問題となる。家の周囲に比較的普通に見られ、食ってもうまいきのこは、ウラベニホテイシメジ、アカモミタケ、タマゴタケの三種である。タマゴタケは夏の終わりに、ウラベニホテイシメジは秋のさなかに家のすぐ裏山に出る。タマゴタケはテングタケの仲間で、近縁種はみな毒きのこなのにこれだけが食える。ヨーロッパでは帝王のきのこと呼ばれ珍重されると図鑑には書いてあり、はじめての時はものすごく期待して食べてみたが、目が飛び出る程美味というわけではなかった。幼菌をお吸い物に入れて食うのが一番うまい。

ウラベニホテイシメジはボリュームのあるきのこで、少しほろ苦くて酒のさかなには一番よい。高尾では、このきのこをイッポンシメジの名で呼んでいるので最初はびっくりした。標準和名でイッポンシメジというのは毒きのこなのである。このきのこが生える頃にはクサウラベニタケという本物の毒きのこも沢山生えるので最初は注意が要る。東京近郊で中毒例が一番多いのはクサウラベニタケなのだ。しかし、少し慣れればウラベニとクサウラを間違えることは絶対にない。きのこで中毒しない一番のコツは、自分で採ったきのこを自分で同定して食うことである。私は今までに四十種近くの野生きのこを食ったがあたったことは一度もない。他人からもらったきのこも自分で同定しない限りは食べないからであろう。

もしかしたら毒かもしれないと思いながら食べるのも、きのこを食べる楽しみのひとつかもしれないが、なるべくならきのこにはあたらない方がよいと思う。私の知人にツキヨタケに二年続けてあたったすごい男がいるが、自分で同定すればそういう恐ろしいことは避けられると思う。ちなみにツキヨタケはとてもおいしくて、目の前にホタルが飛んでいるようで見るもの全部が青く光っていたという。そういう面白そうな経験ならしてみたいって。しかし、すごい下痢になり、時には死ぬことさえあるというのだから、やっぱりあたらない方がいいと思うよ。

アカモミタケは晩秋に高尾山中のモミの林床に出る。慣れないとなかなか見つからないきのこだが、コツがわかると面白いように採れる。暗い林床の中で、落葉の間に明るい朱色のきのこを見つける楽しみは格別で、一昔前は、季節になると、息子二人を連れて暇さえあればアカモミを採りに行っていた。しばらくすると息子二人はアカモミ採りの名手になり、私の二倍も三倍も採ってきた。幼菌の傘だけをお吸い物に入れてミツバを散らして食うのが絶品である。二百本ぐらい採らないとそういうぜいたくな食い方はできない。金さえ出せば、うまいものはいくらでも食えるとは言え、幼菌の傘だけが十ケも入ったアカモミタケのお吸い物は、どんな料亭にも置いてない（と思う）。

家の周りにはコガネタケ、ナラタケ、ハナビラニカワタケ、アラゲキクラゲなど食べられるきのこはいくらでもあり、晩秋にムラサキシメジの菌輪を見つけて一度に五十本近く採取したことも、アカヤマドリやムラサキヤマドリタケといった珍品を採ってうれしかったこともあるけれども、私の一番のお気に入りはヒラタケであった。ヒラタケはスーパーではシメジと偽称されてパックに入って売られているが、野生のヒラタケはもっとずっと大きくて肉厚で味も比べものにならない。バターでいためて食べるのが最高である。

家のすぐそばの墓地の奥の山の中に倒木が五、六本あって、そこに毎年、春になるとヒラタケがびっしりと生えるのであった。気が向くと適当な大きさの奴を採ってきては食べていた。ある時、お吸い物に入れて食べようということになり、食べている最中にお椀《わん》の底に虫のようなものがたまっていると女房が言い出した。よく見ると確かに虫である。娘と女房はもう食べないと言う。調べてみるとキノコムシの幼虫である。それからしばらくの間、ヒラタケを採ったら塩水につけて、キノコムシを落としてから食べていたのだけれど、一度塩水につけたヒラタケはどうしても味が落ちる。そこで、ふと思いついて下に落ちた幼虫だけを集めて食べてみた。これが結構いけたのである。ならば、キノコムシつきのヒラタケを食べても同じことではないか。もしかしたら、キノコムシがついているからこそうまいのかもしれないと思い、あきれる家人たちを尻目《しりめ》に、時々ヒラタケを採ってきては一人でバターいためにして食べていたのであった。残念ながら、御神木のようなヒラタケの倒木は整理されてしまって今はない。

不治の病を予測する

あなたの両親のどちらかが致死性の遺伝病であり、あなた自身も二分の一の確率でこの遺伝病を発症する可能性がある、といった事態を想像してほしい。この病気はハンチントン病。病名はこの病気についての古典的な論文を書いたジョージ・ハンチントンにちなんでつけられている。アルツハイマー病とか橋本病とかクロイツフェルト・ヤコブ病とか、難病の名称の多くには病気の発見者や病気の解明に功績があった人の名が冠せられているが、それは発見した医者にとっては名誉なことであっても、病気になった人の苦痛を和らげるわけではない。治療法に結びつかない限り、病名を告げられても患者の苦しみは増大することはあっても癒《いや》されることはないからである。

ハンチントン病は少し前まではハンチントン舞踏病と言った。筋肉の不随意運動が起こり、自らの意志で運動を制御できなくなり、歩く時に踊っているように見えるためにそう名づけられたという。多くは四十代頃になってから発症し、不随意運動が徐々に激しくなり、やがて精神に異常を来し確実に死に至る。現在の医学をもってしても治療法はない。

日本ではごく稀《まれ》な病気で患者数は千人に満たないと考えられているが、アメリカではケタ違いの数の患者がいる。詩人でシンガー・ソングライターのウッディー・ガスリーがハンチントン病で亡くなったこともあり、この病気への関心は高いようだ。

ハンチントン病は遺伝病としては珍しく優性の病気である。遺伝学で言うところの優性、劣性は、遺伝子の発現様式を示しているだけであって、病気や形質の質について云々《うんぬん》しているわけではない。劣性の遺伝病だからといって、とりわけ悲惨なわけでもなければ、優性の形質だからといって別に優秀な性質を持っているわけではない。人間を含めた多細胞生物のほとんどは、染色体の半数を父親から、残りの半数を母親から引き継ぐ。たとえば人間の染色体の数は四十六本であり、父と母から二十三本ずつを引き継ぐ。我々は性染色体を除いて、基本的に同一の染色体を二本ずつ持っているのだ。遺伝子は染色体の上に乗っているので同じ形質に関与している遺伝子もまた二つずつ持っていることになる。そこでたとえば、片方が正常遺伝子で片方が病気の遺伝子であった場合、この組み合わせで発症すれば、病気の遺伝子は正常遺伝子に対して優性であり、発症しなければ劣性と言うのである。

多くの遺伝病は劣性であり、遺伝子が二つとも病因遺伝子でないと発症しないので、集団の中に遺伝子が比較的沢山あっても発症する人は少ない。たとえば、集団中の正常遺伝子と病因遺伝子の比が九九パーセント対一パーセントとして、遺伝病になる人は〇・〇一×〇・〇一の確率で一万人に一人である。しかし、両親が共に病因遺伝子を一つずつ持っていると、その確率は四分の一にはね上がる。近親交配をしない方がよいという生物学的理由はここにある。近親は同一の遺伝子を共有する確率が高いからである。

ところで遺伝病は不治の病気のように思われがちだが、必ずしもそうではない。フェニルケトン尿症という遺伝病がある。フェニルアラニンというアミノ酸を他の物質に変化させることができないため、血液や脳にフェニルアラニンが蓄積して、重い知能障害などが現われる代謝病である。遺伝病ではあるが治療法はとても簡単である。新生児が成長するまで、フェニルアラニンを与えなければよい。しかし、ハンチントン病にはそういう簡単な治療法は今のところない。ややこしい治療法すらない。対症療法があるだけだ。

今から約三十五年前のアメリカで、母親がハンチントン病であると診断を下された家族があった。この家族には二人の姉妹があり、父親は正常であった。母に診断が下った時点で、姉妹は将来二分の一の確率でハンチントン病になるかもしれない運命を背負ったのだ。父親からは正常な遺伝子を引き継いでいることは間違いないが、母親からは二分の一の確率でハンチントン病の遺伝子を引き継いでいる可能性があり、その場合将来の発症は免れないものとなる。優性の遺伝病が非常に若い時に発症するものであれば、この遺伝病は自然選択によってほどなくこの世界から消えてゆくはずである。なぜならば、病因遺伝子を有した個体が子孫を残さずに若くして死んでゆくのであれば、遺伝子もまたこの世界から消えてゆくに違いないからだ。幸か不幸か、ハンチントン病の多くは中年以後に発症する。すでに子孫を残していれば、遺伝子はこの世界からなくならない。それが、ハンチントン病が優性の遺伝病であるにもかかわらず、地域によっては比較的よく見られる理由である。

さて、この家族はどうしたか。常人には思いもつかぬことを考えたのだ。病気を解明してハンチントン病の治療法を見つけようとしたのだ。この家族の名はウェクスラー。最近邦訳の出た『ウェクスラー家の選択』(新潮社)は姉の手になるもので、家族の苦悩と勇気を伝えて感動的である。父親と妹はハンチントン病を解明すべく、東奔西走してプロジェクトを組織して、ついに原因遺伝子を突き止めるのである。このあたりの事情は是非この本を読んでほしい。

ところがである。原因遺伝子を突き止め、遺伝子診断ができるようになってはみたものの、依然として治療法は解明されないのだ。そこで姉妹の苦悩がはじまる。病気の解明に精魂を傾ける科学者の多くは、病気とは無縁な場合が普通だろう。病気の治療法を開発すれば、地位とお金と栄誉を得るのはもちろんであるが、病気の原因を突き止めただけでもそれに近い報酬を得ることができる。研究チームの中心として働いたウェクスラー家の妹が、もし普通の人であったならば、研究の結果に有頂天になったであろう。しかし残念ながら、彼女は普通の人ではなかった。ハンチントン病の母の子供なのだ。

科学は常に真理は尊いというたてまえをとる。事実に目をつぶるのは愚昧《ぐまい》であるというわけだ。ハンチントン病の遺伝子診断が可能になったのは科学の進歩である。白黒をはっきりさせれば、いずれにしても科学的事実に立脚した将来設計ができる。科学主義《そうめい》の権化のような人々が多いアメリカでは、遺伝子診断を受ける人は勇気があって聡明で、受けない人は臆病《おくびょう》ものの能なしだ、という風潮になったとしても不思議はない。遺伝子診断を受けるべきかどうかをめぐって、姉妹と父親はカンカンガクガクの議論をする。最初、遺伝子診断を受けることを当然視していた父親が、絶対反対の立場に変わっていくくだりは実に興味深い。結局、姉妹はしばらくの間診断を受けないことに決めるのである。

原因遺伝子を発見した研究チームの中心人物が検査を受けないという事態はマスコミの注目を浴び、ウェクスラー家の人々はテレビに出演させられる羽目になった。確実であることがいかに価値があり、知ることは大切であると強調する質問者に、ウェクスラー家の父は答える。

私は今、毎日が楽しいのです。もし、娘たちが、病気を遺伝していないとわかったら、もちろん私は有頂天になるでしょう。しかしそれほど利点があるわけではない。その確認の喜びと、娘のどちらかが病気を遺伝していることを発見することの間には、計り知れない差があります。そんな賭けをするほどの価値はありません。

（『ウェクスラー家の選択』三一一頁）

妹は次のように答える。

ええ、もちろん私も、知ることの大切さはいつも理解してきたつもりです。そして、それだけを求めて今まで前に進んできたというのに、今となって真実というものがこんなに複雑なものだということに気付くとは、本当に皮肉なものですね。（同書、三一一頁）

当事者でない人々にとって、白黒をつけることはメリットであるに違いない。それは社会が好むコントロール装置だからである。たとえば、ハンチントン病を発症する可能性のある人々に対して、生命保険会社はどのように対処すべきか、という問題を考えてみればよい。保険会社にしてみれば、白黒をはっきりさせて、白ならばすっきり保険に加入してもらいたいし、黒ならば加入を拒否したいと思うだろう。物事はあいまいであるよりははっきりしている方が管理し易い。確実な知識、確実な予測は科学の欲望であると同時に、社会の欲望でもあるのだ。

しかし、個々の人々にとって未来がわかってしまうことは決して楽しいことではない。まして悪い未来であればなおさらだ。忙しい人々の手帳には予定がびっしり書いてあるだろう。会議、会食、講演。もしかしたら人間ドックに入る日まで書いてあるかもしれない。

しかし、絶対に書いてないことが二つある。病気になる予定日と死亡予定日である。客観的に考えれば、健康であとどれだけ生きられるかがわかっていた方が、計画的に時間を有効に使えるはずだ。しかし、人は時間を有効に使うために生きているわけではないのである。大分前に、余りにも多忙を極めていた養老孟司に、「養老さん、人生は短い。働いているヒマはない」と意見をしたことがあったけれども、最近では「金をかせいでいるヒマはない」と意見をしなければならなくなったようである。人は働いて金をかせぐために生きているわけではない。

とまれ、遺伝子診断をして発症予定の病気がわかることの行きつく先は、発病予定日を手帳に書きつけることができるようになることだろう。科学の進歩とはそういうことであり、科学の進歩を止める術《すべ》がないことは歴史が証明しているわけだから、それはそれで仕方がないという他はない。問題は書きつけることができることと、実際に書きつけることの間には天地の違いがあることだ。科学の進歩は慶賀すべきことであるが、我々は科学がよしとするものに従う義務はない。

少し前までの日本では、患者本人へのがんの告知はタブーであった。見つかった時は大方手遅れで、治療の方法がなかったことが主たる理由であろうが、近々死ぬという事実を知らせたところで、本人は楽しいわけがないと周りの人々が思ったことも、もうひとつの理由だろう。最近は治療法が進歩したことと、事実を知らせないと、裁判になった時に医者が不利になることを恐れて、告知をする方が普通になったが、絶対に助からない事実を告知するのは残酷だと私は思う。

がんになっても、とりあえず明日は生きているだろうとの希望があるから、人間は生きられるのだと思う。どなたかのコトバに、「人間は未来がわからない。それが人間に生きる勇気と希望を与えてくれる」というのがあった。至言だと思う。ウェクスラー家の妹にしても、ハンチントン病の原因遺伝子を突き止めても治療に結びつかないことを、あらかじめ知っていたら、すさまじい情熱を燃やして研究に取り組むことはなかったかもしれない。

好コントロール装置たる社会にとって、死にゆく人々はお荷物にすぎず、コントロールの主体ではなく対象でしかないのだろう。死に直面した人々は、常に社会の少数者でしかありえず、文句を言ったところで、明日は死人である。だから、この人たちの願望が社会に反映されることはないのだろう。明日は我が身というコトバの真の恐ろしさは、明日にならなきゃわからないか。

自然保全は気分である

オーストラリアに十日間程行ってきた。かの地での生物多様性の保全と情報整備の実態を調査するという名目である。生物多様性の目録作りは大仕事だが金と暇さえあればできる。どこにどんな生物が生息するか、というのは事実の問題であって、科学の守備範囲に収まる。一方、何をどう保全すべきかという話は基本的には政治の問題であって科学の問題ではない。それを科学の問題や正義の問題だと思い込むと最後はナチスのようになる。

オーストラリアは固有の生物相をもつ特異な大陸である。肉食の大型獣がいないこともあってコアラのような無防備な動物が存在できる。もし、外部から強力な外来生物が侵入すれば、オーストラリアの生物相は大きな影響をこうむることになる。現在のオーストラリアが外来種の侵入にとりわけセンシティブな理由はここにある。しかし、そういう話になったのは比較的近年である。十八世紀の後半にイギリスの流刑植民地となって以来、オーストラリアの人々は祖国イギリスの風物を再現しようとやっきになった。イギリス風の庭園を造り、祖国の植物や小動物を移植した。百年から二百年の時を経て、スズメをはじめヨーロッパから導入された移入生物のいくつかは何げない顔をしてオーストラリアの風景にとけ込んでいる。

移入種にセンシティブなオーストラリアでも、しかしスズメを排除しようとの動きはないようである。スズメはすでにオーストラリアの生物相の一部になったからであろう。最近侵入したオオヒキガエルとなると話はまるで違ってくる。このカエルは背中から毒を出し、これを食べたヘビや他の動物は毒にあたって死ぬことが多いという。政府の関係機関は駆除に頭を悩ませているらしいが、分布は広範囲に拡がっていて、もはや根絶は不可能なようである。

それにしても、同じ外来種なのにスズメは駆除の対象にならず、オオヒキガエルは駆除の対象になるのはなぜなのだろう。今回はそこらあたりの問題を私なりに考えてみたい。

まず、そもそもなぜ生物多様性は保全されねばならないのだろうか。合理的な答えはあり得ようはずがない。民主主義の世の中の最終フィクションは、すべての人間についての自由と平等であろう。この命題に根拠はない。北朝鮮のような国は別として、世界の大多数の国家では、この命題を最終根拠にして社会的な約束事は成り立っている。最終根拠にさらなる根拠はない。だからもし、生物多様性の保全という命題が、民主主義の社会に整合的であるならば、人々の自由と平等を守るために、生物多様性は守られねばならない、という話になるはずだ。この話は単純に言えば、生物多様性を保全するのは人類の生存を保証するためだということだろう。

たとえば、次のような話が語られる。人間も生態系の一員である以上、健全な生態系を保全しなければ生き残ることができない。だから生態系の構成員である生物種の多様性は極力保全されなければならない。それに沢山の生物種の中には新しい薬の原料になるものもあるに違いない、といった調子である。しかしはっきり言って、これは少なくとも半分はウソだろう。生態系の物質循環がうまくいかなくなれば、確かに人類にとって危機的となるだろうが（それとて技術が進歩して、人類が自然生態系に依存せずに生きられるようになれば、話は変わってしまう）、まだ名前もついていない微小な生物種が少々絶滅したところで、人類の生存が脅かされるといったことはあり得ないからだ。

有史以来、人類は沢山の野生生物を絶滅させてきた。E・O・ウィルソンの『生命の未来』（角川書店）によれば、アボリジニがまだオーストラリアに到着していなかった六万年前、この大陸には並はずれて不思議な動物が多数生息していたという。たとえば、エミューに近縁の体重が百キログラムに及ぶ飛べない鳥、体長が七メートルもあるオオトカゲ、オオナマケモノやライオンやサイにどことなく似ている動物たち、小型自動車ほどもある陸ガメ。これらの動物たちはアボリジニが到着した頃、急に消えてしまったとのことだ。保全生物学のコトバを使えば、アボリジニは強力な外来種であって、固有生物相の破壊者だったのだ。

しかし、そのことによってアボリジニは何か困ったことがあっただろうか。むしろ、これらの自分たちを脅かす生物を絶滅に追いやったことによって、アボリジニはオーストラリアの地に橋頭堡《きょうとうほ》を築くことができたのではないだろうか。ということは、生物多様性の破壊こそがアボリジニ（すなわち人類）の福祉に貢献したということになる。巷《ちまた》で流行《はや》っている話とまるで逆ではないか。

アボリジニの侵入の後、五万年以上たって侵入した外来種（今のオーストラリアの白人のことだ）もまた、少なからぬ数の固有生物種を絶滅に追いやったことは確かである。固有生物相の破壊の上に拓《ひら》かれた農業に依拠して現在のオーストラリアは存在するわけだから、ここでもまた生物多様性の破壊は人類の福祉につながるわけである。

固有生物相をさんざんに破壊してきた外来種の末裔《まつえい》（ほとんどすべての人間のことだ）が、固有生物相を保全すべしと主張するのも考えてみれば奇妙な気がするね。昔、悪逆無道の限りを尽くして大金持ちになった人の子孫が、資産のごく一部を慈善事業に寄附しているようなものかもしれねえな。私はそのことを非難しているわけではない。自然保全というのは所詮《しょせん》金持ちの道楽にすぎないと言いたいだけだ。

オーストラリア、ブリスベンの近郊にラミントン国立公園というすばらしい亜熱帯のレインフォレストがあり、そのど真ん中に立派な宿泊施設が建っている。水洗トイレ、冷暖房完備の高級ホテルで、泊まるだけで三万円近くかかる。金持ちたちはこの豪華なホテルに泊まって美味《おい》しいものをたらふく食い、ベランダから世界遺産になっている周囲の原生林を眺め、ウィルダネス（原生自然）はすばらしいと言うわけである（もちろん私もその中の一人である）。どう考えても、そんな宿泊施設などない方が自然保全に整合的だ。世界人口の大半を占める貧民たちにとって、多様性保全などはどうでもいい問題にすぎない。明日の食糧をどう確保するかの方がはるかに重要な課題であろう。原生自然を切り拓いて畑にした方が、この人たちの生活の向上に資することは間違いない。自然保全あるいは生物多様性の保全は、だから一般論としては、人類の生存のためだという話はペテンに決まっている。

ならばお前は、自然保全や生物多様性の保全はしなくともよいと考えるのか、と問われれば、やっぱりした方がいいんじゃないですか、と答えるだろう。私もまたまがりなりにも衣食住が足りた人間の一人として、私の気分がよくなるような環境を守りたいと考えるからだ。私はたとえば、子供の時に採ったカブトムシやクワガタムシがいつまでも棲《す》めるような里山を保全したいと思う。それは多分、十九世紀にオーストラリアに渡ったイギリス人が祖国の風景をオーストラリアに再現したいと願った心理に通ずると思う。衣食住が足りて現状に多少とも満足している人は保守的になりやすい。保守党はコンサバティブ・パーティーだし、保全はコンサベーションと言うわけだから、保全は保守的な気分から出てくるのもうなずける。オーストラリア人が同じ外来種なのにスズメは排除せず、オオヒキガエルを排除するのは、前者はすでに保守的な気分の内側にあり、後者はまだ外側にあるためだろう。

日本の佐賀平野にいるカササギは四百年程前に大陸から導入された移入種だが、今では天然記念物である。イチョウもコスモスも外来種だが、人々の気分としては排除するよりも守りたい気持ちの方が強いだろう。生物多様性の保全や固有生物相の保全あるいは外来種の排除というのは、だから気分の問題だと考えても、一筋縄でくれる単純な話にはならないのである。侵入した時点では、人々の気分としては排除すべき対象であったものが、百年経ってみたら保護すべき対象になることはあり得るのだ。そのことを無視して、たとえば、外来種排除という旗をかかげて、理念だけで突っ走ろうとすると、とてもおかしなことになると思う。

和歌山県で動物園から逃げたタイワンザルが在来のニホンザルと混血するという事態になった。日本生態学会や日本霊長類学会がタイワンザル及び混血ザルの安楽死を要望し、これを受けた和歌山県が県としてタイワンザルの根絶事業を決定し、反対する動物愛護団体ともめているという話を聞かれた方も多いと思う。排除の論理は、遺伝子汚染を阻止し、ニホンザルの純血を守ることにあるのだと。これを聞いてナチスを連想された方も多いだろう。ナチス政権下のドイツではアーリア人の純血を守ることと同様に、在来の生物種を保全し外来の生物種を排除する運動が盛んに行われていたという。

衣食住が足りた普通の人の気分としては、無闇に動植物を殺すのは良くないことであろう。外来種排除あるいは遺伝子汚染の阻止という理念は、動物の個体の命を大切にしようという気分に超越する根拠を持ち得るのだろうか。持ち得るはずはない。なぜならばすでに述べたように、外来種排除の根拠もまた気分以外のところにはないからである。生物の個体がまじわって子供を産むのを遺伝子汚染というのは、ずいぶんふざけたもの言いだと私は思う。混血を遺伝子汚染というのであれば、日本人などはどこからどう見ても遺伝子汚染の産物であろう。生物が勝手に交配して子供を産むのは自然であって、汚染なんかではありゃしない。

生物が生きるということは、他種や他個体とコミュニケーションしながら変化していくということだ。いかなる権力をもってしてもこの変化を止めることは不可能である。私も保守主義者の一人として、気分としては日本の固有生物相は守りたい。しかしすでに侵入して混血児まで作っている高等動物の命を奪ってまで、私の気分を満足させようとは思わない。

生物多様性の保全というのは、たかだか人間の考えた理念にすぎない（だから、いけないと言っているわけではない）。生物は人間が何をしようと、何を考えようと、総体としては決して絶滅することなく、したたかに生き延びていくだろう。そう考えれば、私がここに書きつけたことは全部余計なことかもしれないね。

人間を変える

有史以来、人類は地球上の自然を様々にいじって変えてきた。変えるといったって、地面の上のごく薄い範囲だけで、地球の内部の自然は変えようがないから、たかが知れていると言えばその通りなのだけれども、技術の及ぶ範囲内で、自分の都合のいいように自然を改変してきたことは確かであろう。

自然を変えるやり方は二つある。ひとつは人工物を造ること。家を建てる。ビルを建てる。ダムや高速道路や原子力発電所を造る。都市と名のつく場所は、多少ともこの手の構築物で被《おお》われている。もうひとつは生物の性質を変えること。私たちの食卓に並ぶ穀物や野菜、肉や卵はほとんどみな、人類の都合に合わせて品種改良された生物である。

幸か不幸か、品種改良は今のところ人間にまでは及んでいない。長い奴隷制の歴史の下でも、奴隷を品種改良して、主人にとってさらに便利にしようと実際に企てたという話は寡聞《かぶん》にして知らない。奴隷といえども無理矢理交配させたり、間引いたりすることは難しかったに違いないし、人間が人間を品種改良するには、人間の一世代は長すぎるということともあったろう。

ダーウィンの『種の起源』の第一章は「飼育栽培のもとでの変異」と題されており、そこでダーウィンはイエバトの品種について詳しく述べている。ダーウィンは入手可能なすべての品種を飼って、それらの間の解剖学的な形質や習性を比較している。すぐれた飼育家とも知己になり、ロンドンにある二つのハトの愛好団体にも入会したとあるから、相当ハトに入れ揚げたようだ。まあ、何と言ってもダーウィンにはお金とヒマがあったから、そういうことができたのだろう、とすぐ考えてしまうところが貧乏人の悲しさである。ちなみにダーウィンの妻は陶磁器で有名なウェッジウッド家の娘で、持参金付き、年金付きだったのだ。

ところで話は年金でなくハトである。ダーウィンは、もしも鳥学者にみせて野生の鳥だとつげたならば、二十種ほどに分類されるであろうと思われる様々なハトの品種が、野生のカワラバト一種に由来することを力説している。ハトは紀元前三〇〇〇年頃にすでに飼育されていたらしい、とダーウィンは述べている。長い品種改良の歴史があったとはいえ、その変異の幅には驚く。ハトばかりではなくイヌやネコでも同様だが、ランダムに交配させないで人為選択をし続けると、生物はかくもバラエティ豊かになるのか。どんな野生動物でも、これほど種内変異の幅が大きいものは存在しない。人類の変異幅も、ハトやイヌやネコに遠く及ばない。チワワとセントバーナードでは、そもそも物理的に交配すら可能でないだろう。そのことに思い至れば人類は完全な野生動物なのである。

品種改良して格闘用の人類を作ったり、競走用の人類を作ったりするのは、人類の尊厳に反すると思う人は多いだろうが、人類の尊厳とはいったい何か。イヌやネコやハトには尊厳といったものはないのだろうか。十九世紀後半から二十世紀半ばにかけて、世界的に優生学なるものが流行《はや》ったことがある。遺伝学者のゴルトンの提唱で、好ましい遺伝子を集団中に増加させ、劣悪な遺伝子を除去しようとの社会的営為である。

優生学には積極的優生学と消極的優生学がある。前者は優秀な人どうしを結婚させて子供を沢山作ってもらおうという話で、後者は劣悪な人に不妊手術などを施して生殖を阻止しようという話である。問題は何が優秀な性質で何が劣悪な性質かは、にわかには判別できないことだ。健康で美男美女でIQも高く正義感が強い人は優秀で、然《しか》らざる人は劣悪だと決めるのは簡単だけれど、所詮《しょせん》客観的で厳密な基準があるわけではないから、判別は多少とも恣意《しい》的にならざるを得ない。

政治的な勢力と優生学が結びつけば、つまるところ、民族浄化ということになり最後はナチスのようになる。それでも、このての優生学に真面目に取り組んでいる人たちは、自分たちのやっていることは人間の尊厳を高めることはあれ、それに反するとは思っていなかったろう。何と言っても、その結果作られるのは最優秀な人類であって、格闘や競走といった特殊目的用の人類ではないからだ。そう思っていたに違いない。

ナチス崩壊のあと、優生学もまた廃れてしまう。優生学的手法で人類の遺伝的資質を変更するためには、全体主義的な国家権力の存在が不可欠だが、今やそういう国家は流行らなくなったからだ。代わりに人々の自由意志に基づく新たな優生学が胚胎《はいたい》しつつある。遺伝子改造技術である。ヒトゲノムの解読がほぼ終了して、遺伝子の機能が徐々に明らかになってきた。遺伝子を改造すれば、人類そのものを改造できるかもしれない、と一部の科学者たちが考えるのも無理からぬところである。この技術（成功すればの話だが）のすごいところは、交配を重ねて人為選択の果てに新しい品種が作られるのでなく、卵や胚を直接操作して新しい生物が作られるところにある。無理に結婚させたり、不妊にさせたりしなくとも、人類改造計画が実施できるのだ。

たとえば、あなたが遺伝的な病気をもっていたとする。もし、あなたの子供にこの病気の遺伝因子が伝わらない方法があったとしたら、あなたはその方法を採用するだろうか。それとも、自然にまかせたままにするだろうか。あるいは、どちらを選択するにせよ、あなたの選択に社会がいちゃもんをつける権利があるだろうか。病気が治るんだから、遺伝子改造してもいいんじゃないの、と思う人が多ければ、社会はこの技術を禁止しないだろう。しかし、たとえば、より美人にできたり、背を高くしたり、運動能力を高めたり、といったことが可能になったとして、世界はこの技術の利用を手放しで認めるだろうか。

これはなかなか微妙な問題だろう。優生学の時代、権力は個人の自由を制限して、理想的な人間を作ろうと考えた。遺伝子改造時代になると、今度は一転して、個人の自由を制限して、個々人が理想だと思う人間を作る努力を阻止しようとするのだろうか。権力とは何であれ、好コントロール装置であるとの私の信念に従えば、そうなる可能性は高いが、私としては、遺伝子でも何でも改造して、色んな人間を作った方が、世の中面白くなると思うんだけれど。

人間のすべての形質は遺伝子だけでは決まらず、遺伝的因子と非遺伝的因子（特に発生環境）の相互作用により決まるので、あるゲノム（遺伝子の総体）をもつ個体を、ある環境で育てると、どんな人間に育つかは、組み合わせの数が膨大すぎて結局はよくわからず、遺伝子を改造しても思った通りの人間に育たなかったりして、それも含めて面白いと思うんだけれども、そういう考えは危険思想なのかもしれないね。科学の進歩とは予測不能な領域を狭めることにあるとすれば、遺伝子改造の結果、予測不能な範囲が拡がるとすれば愉快じゃないか。

恐らく、沢山の遺伝子たちは独立に形質を発現させているわけではなく、協力したり拮《きっ》抗《こう》したりして働いているに違いなく、天才的な頭脳を有し、オリンピック選手なみの運動能力を有し、プロのピアニストほどの音楽的才能をもち……といった人間は、作ろうとしても人間の細胞という枠の中では不可能なのだろうと思う。あちらを立てれば、こちらは立たず、というのが本当だろう。せいぜいできることは、コレコレの遺伝子改造をして、子供の頃から訓練すれば、ある才能が花開く可能性は高いですよ、でも保証はしませんよ、といったところだろう。

それでも、遺伝子改造の費用が無闇に高くなければ、人々は我が子に未来の天才の夢を託して、遺伝子改造を施すかもしれない。多くの人は時代の流行に敏感だから（流され易いから）、私の期待に反して同じような遺伝子改造が沢山行われるんだろうな。今だって、日本人の若い女の子は皆同じ顔をしていて誰が誰やらわからないのだから、大半が美人で天才になったらどうなるんだろう。きっと、ユートピアかパラダイスが実現されるんだ。ハハハ。

でね、美人や天才は稀《まれ》だからこそ価値があるに違いなく、皆が同じ顔で同じ才能だったら、いかに美人で天才でも凡人ということじゃありませんか。遺伝子改造は、その可能性とはうらはらに人間の多様性を減少させるのかもしれない。飼育栽培された動植物は品種改良の結果、著しく多様性が増加したことを思えば、遺伝子改造は品種改良という話とは同じにならないのである。

ところで、人間の遺伝子改造やクローンといった技術に強く反対する人たちがいる。おなじみの人間の尊厳に反するという理由からだ。この場合、人間の尊厳を守るとは人間の本性を守るということらしい。遺伝子改造の果てに、人間が人間らしさを失ってしまったら大変だというわけであろう。しかし、現代の主流の進化論であるネオ・ダーウィニズムの教義を信ずれば、人間の本性といったものはない。ネオ・ダーウィニズムによれば、進化は遺伝子のランダムで無方向的な突然変異の結果、形質が少し変化したところからはじまるという。もし、この遺伝子をもっている個体がもっていない個体に比べて、ほんの少しでも適応的でより沢山の子供を残すことができるならば、世代を重ねるごとに生殖を通じてこの遺伝子の集団中での頻度は上がっていくはずである。これを自然選択という。この繰り返しで生物は進化した。そうネオ・ダーウィニズムは主張する。ヒトとチンパンジーは六百五十万年ほど前に分岐したと言われているが、この話が本当ならば、六百五十万年前の祖先をはさんで、ヒトとチンパンジーは連続的につながっているはずである。この文脈からは人間を人間たらしめている本質といったものはないのだ。

チンパンジーから分かれてからのヒトは常に連続的な通過点にすぎなかった。そして現在もひとつの通過点にすぎないとしたら、現在我々が有している人間らしさを守るべきといった話には何の根拠もないことになる。たとえば、二百万年前のヒトが、その時点での人間らしさを守り通したとしたら、現在の我々は存在しないのだから。

もっとも、ネオ・ダーウィニストでない私は、大きな進化は遺伝子だけの変化ではなく、細胞のシステム全体の多少とも不連続的な変換により生ずると考えているので、人間の本性といった話にもそれなりの存在論的根拠を与えることができるのだけれども、その話は長くなるのでここではしない。そうであっても、現在の人間の人間らしさを守るべきといった話になるわけではない。

人間らしさを守りたいと考える傾向をも含めて、それは進化の産物なのだ。人間を改造して、すべての人間がそう考えなくなってしまえば、問題はその時点でなくなってしまう。人間は自分に都合がいいように、あるいは自分の欲望を実現しようとして、様々に自然を改変してきた。しかし、人間を変えることはそれらとは全く違う意味をもつ。人間を変えるとは、実は都合や欲望を変えることまで含意されるからだ。

人間にとっての善悪が、人間の都合や欲望で決まるものであれば、これは善悪の基準を変えることに他ならない。ここまで書けば、人間を変えることは正邪の問題でも善悪の問題でもないことは、おわかりになるであろう。細胞のシステムまでも含んだ遺伝的改造の結果、すべての人が、遺伝子改造をしたいなどと思わなくなれば、なかなか面白いパラドックスだと思うのだが、如何《いかが》なものだろうか。

老いの悲しみ

若い時は年寄りは異界の生物である。いずれ自分も年寄りになることは頭ではわかっていても、年寄りの心の中がどうなっているかなど考えたことがないからだ。年寄りはおろか、若い時は中年の考えでさえおもんぱかることはできないのだと思う。

山梨大学へ就職して間もない頃、研究室に入ってきたばかりの女子学生に、「先生ぐらいの歳になっても朝起ちしますか」といきなり聞かれたことがあった。まだあどけなさが残っていたとは言え、女の香りがすでに充分に匂い立っている二十歳ちょい過ぎの女の子に、たまたま他に誰もいない研究室でそんなことを言われた当方の狼狽《ろうばい》を考えてもらいたい。私はまだ三十歳代の前半だったのだから。

今は温泉旅館のおかみに納まっているこのかつての女子学生に、最近会った時にその話をしたらよく覚えていて、「あの頃はウブで何も知らなくてごめんなさい」と恥ずかし気であった。学生たちに聞いてみると、親がセックスをするなどとは考えたことがなかった、と言う者が意外と多い。「それじゃ、お前はどうして生まれたんだ」と聞くと、「それはそうですけど……」とどうも実感がわかないみたいだ。中年だって、セックスもするし、それなりの楽しみと苦しみがあるのだけれども、若い時は自分の苦しみと楽しみにばかり夢中で、先のことは考えているヒマがないのだろう。大人はワタシのことをわかってくれない、などと言うけれども、若者だって大人のことはわからないのだからお互い様だ。それに、老人は中年になることはないし、中年は若者に戻ることはないのだから、自分より若い者のことを知ったところで、将来の参考になることはないのだ。

体力、気力、知力を尽くして何かをして遊ぶのが楽しいという基準からすれば、老人になるに従って楽しみは減るばかりであるが、基準を変えれば、楽しみ方もまた変わるわけで、若者の方が常に楽しいとは限らない。私は二十歳代の頃、毎日麻雀《マージャン》ばかりしていて、人生の楽しみは虫採りと麻雀だけと思っていたが、三十歳代の半ば頃から麻雀はパッタリとやめてしまった。何が楽しかったのか。今じゃよくわからない。毎日十時間近く麻雀などしていてよく飽きなかったものだと思う。

きっと脳が変わってしまったに違いない。昔、楽しいと感じていた脳の部位は今じゃ錆《さ》びついてしまって機能しなくなったのだ。虫採りは小学生の低学年の頃から続いている楽しみだが、昔と今では実は楽しみ方が異なる。最初の頃は採るのが快感であった。蝶《ちょう》がネットに入った瞬間の手ごたえ、クヌギの樹を思い切り蹴《け》ってミヤマクワガタが大きな音を立てて地面に落ちた時の心躍り。虫採りは採る瞬間が最大の楽しみで、標本にするのはおまけだった。

小学校の高学年になると、虫採りには蒐集《しゅうしゅう》の楽しみが加わるようになった。はじめての蝶をネットに入れた時こそが最大の愉悦で、普通種は飛んでいても見向きもしなくなった。蒐集の楽しみは今でも続いているが、中年を過ぎる頃から、虫を見る愉《たの》しみが強くなった。顕微鏡で虫を見て、甲虫類の表面構造の美しさに魅せられた。五十を過ぎてからは、生きている虫を眺めるのが楽しい。アゲハやカラスアゲハが優雅に飛んでいるのを眺めているだけで心が浮き浮きする。本人は、小学生の頃から、私は私だと思っていても、脳の内実はすっかり変わっているのであろう。

老人のことがわからないのは、だから論難すべきことではない。老人になったことがない人に老人のことがわかるわけはないのだ。同じように老人に若い人の心がわかるかと言えば、それも難しい気がするね。老人がわかる若者の心は、あくまでも老人が感じる若者の心であって、若者が感じるあるいは自分が若者だった時に感じた若者の心ではないからだ。大人は私たちのことをわかったフリをしているだけで何もわかっていない、と言う若者は全く正しい。但し、だからわかってほしいと思っているとしたら、それは間違っている。老人は若者の心を理解できないし、理解する必要も義務もない。知力も体力も気力もある若者たちは、大人なんかに理解してもらわなくとも勝手に生きればそれでよい。それ以外に人間の生き方はないと私は思う。

問題は若者でなくて老人だ。老人も元気なうちは（という意味は、心と体が乖離《かいり》しないうちは）、他人に理解してもらわなくとも勝手に生きればそれでよい。しかし、不幸なことに体はだんだん不自由になってくる。老人の最初の悲しみは、心と体の違和としてやってくるのだ。心ではできるはずのことなのに、体は言うことを聞かない。昔は何げなくできたことが、徐々にできなくなってくる。オレ（ワタシ）も歳をとったと実感するのは、つい去年までは簡単にできたことが、不自由になった時だろう。一昨年だったか、虫採りに行って木に登ろうと思ったことがあった。高さ四メートル程の所にあるウロの中に何か甲虫らしいものがたかっているのだが、入口が狭すぎて網が入らず、さりとて棒でつつくとウロの穴の中へ落ちそうで、しょうがないから登って採ろうと思ったのだ。見れば手ごろな横枝が出ていて、これに手をかければ簡単に登れそうに思えた。ところがいざやってみると全然歯が立たないのだ。一番下の枝に手をかけたまではよかったのだが、腕には体を楽に持ち上げられる程力が入らず、体は硬くて思うように曲がらず、愕然《がくぜん》とした。最初は落ち込んだが、今では木は登るものではないと悟ってしまった。そのうち、スキーもできなくなるだろうし、山にも登れなくなり、ついには虫採りさえできなくなるかもしれない。

老化とは徐々に進行してゆく体の不自由さを後追いで脳が納得してゆくプロセスなのだ。それは悲しいことには違いないが、日常生活さえ何とかこなせるうちは、心と体の折り合いがつかないといったものではない。この段階で死んでしまえば、人は幸せなのかもしれない。しかし、この段階で死ぬことができないと、老人は誰かにめんどうを見てもらわない限り、生き続けることができなくなる。老いの本当の悲しみはここからはじまる。

不自由になった自分の体に自分の心が納得して、その範囲内で生きられる限り、人の精神はまだ自由であり得る。物理的にできないことは別にして行動の取捨選択の権利はあるからだ。しかし、誰かに日常生活のめんどうを見てもらうとなるとそうはいかない。どんなことをしてもらうかを自分で勝手に決めることはできなくなるからだ。こうなった老人は野垂れ死ぬべきだと私は思うが、国家という名の好コントロール装置は、パターナリズムの奴隷として老人を飼い続けることを欲するのだ。

私の父親は八十三歳の時に股《こ》関節《かんせつ》の手術をして、以来一度も立ち上がれずに寝たきりになった。最初、父は非常にいらついているようであった。手術をすれば治って歩けるようになると思っていたのに、寝たきりになりそうな現実におびえていたのであろう。しかし、しばらくすると落ち着いてきて、時折笑顔を見せるようになり、話もまあまともであった。己の不自由さを心が受け容《い》れて、何とか折り合いをつけたのだろう。ところが一年を過ぎる頃から徐々に無口になり、精神が荒廃してゆくのがはた目にもわかるようになった。朝から晩まで同じベッドの上に寝かされて、マニュアル通りの介護に精神が耐えられなくなったのであろう。

父は死にたくないとは言ったけれども、しかし死にたいとは言わなかった。病院もまた、肺炎になったと言っては大量に薬を飲ませ、がんの疑いがあるから検査をしましょうかとまで言った。その話を聞いた私は、病院と医者の食い物にされるくらいなら、がんになってとっとと死んだ方がましだ、と口には出さなかったが心の中で思っていた。老人の病気は治されるために治療されるのではない。金もうけの手段として治療されるのである。早く死んでもらっては困るのだ。しぼれるだけ金をしぼり取られた後でしか死ぬ自由は残されていない。私が父の立場だったら、気が狂ったに違いないと思うが、父は気が狂わずに代わりにボケた。ボケは死にたくない、あるいは死にたくとも死ぬ手段を奪われた、寝たきり老人の適応なのだ、と私は思った。

昔のイヌイット（エスキモー）は食糧が足りなくて老人にまで行き渡らない時は姨捨《おばすて》をしたらしい。姨捨をする時は正装に身を包み、ジジババを誉め讃《たた》える儀式を行い、少量の食糧と共に置き去りにしたという。姨捨は悲しい風習ではあるが、いっそさっぱりしていて潔い。寝たきりになって医者の食い物にされているよりはよほどましだと私は思う。もっとも、寝たきりになったこともなければ、姨捨に遭ったこともない私は、この人たちの本当の気持ちはわからないのだけれども。

老人介護の最大の問題点は、介護をする方のマニュアル化されたパターナリスティックな行為と、介護をされる老人のニーズが、どうしたって齟齬《そご》を来すところにあるのだ。介護はもちろんサービスであるから、本来的には消費者（介護を受ける人）のニーズに応《こた》えることが望ましい。しかし、介護される老人は様々な意味で弱者であり、真の決定権を持たないのが普通だろう。介護をする方は、いきおい消費者の代理人（介護を受ける人の家族）の意向を重視するようになる。そうなると、重視されるのは介護人と家族の都合ということになり、老人は単にパターナリズムの奴隷として生活せざるを得なくなる。

さあ、老人予備軍の我々としてはどうすればよいのか。未来のことは考えたところでしょうがない。寝たきりになったりボケたりしたら、その時に考えればいいではないか。よろしい。しかし、そうなった時はもはや考えることすらできないのである。パターナリズムの奴隷になるより他に残された道はないのだ。寝たきりやボケになる直前に自殺する。ステキな考えだ。しかし、いつが直前かどうやって判断するんだろう。そういうわけで、自殺するというのもあまり現実的ではないなあ。

そこで私が考えたウルトラCは、寝たきりやボケる前にお金をどんどん使うこと。うまい物を食って、旅行にバンバン行って。Hがしたい人は風俗に行って、有金をはたいてスッカラカンにしてしまうのだ。ちょうどお金がなくなった時にピッタリ死ねばこれ程有難いことはない。寝たきりになったり、ボケたりした時にお金が全くなかったらどうするかって。金がないボケ老人は長く生かしておいてももうけにならないから、きっと早く殺してくれるに違いない。ステキじゃないか。だから金はない方がよいのである。

病気は人類の友なのか

一万年以上前、人類がまだ狩猟採集生活を送っていた頃、病気は現在とはずいぶん違った様相を呈していたらしい。公衆衛生という観念もなければ、抗生物質も未発見、病院さえなかったわけだから、疫病が猖獗《しょうけつ》を極めていたと思われるかもしれないが、それは誤解である。人から人へ伝染する病気はほとんどなかったようなのだ。

全世界の人類がすべて狩猟採集生活を送っていた頃の世界人口はせいぜい三百万人から四百万人程度だったと言われている。ちなみに現在は六十八億近く。ロンボルグの『環境危機をあおってはいけない』（文藝春秋）を読んでいたら、時の始まり以来、この地球上で暮らした人は何人いたかという問いがでており、答えは五百億から一千億人だそうだ。何とこれまで地上で生まれた総人口の六パーセントから一四パーセントは、今生きているってわけだ。我々はなんとなくご先祖様は無限にいらっしゃると思っているが、それはとんだ勘違いなのである。

病気の話を始めた途端に何でいきなり人口の話になるのだ、と訝《いぶか》っておられる方がいらっしゃると思うが、病気と人口は密接な関係があるのだ。一万年以上前に狩猟採集生活をしていた人類は五十人から百人くらいの群れ（バンド）をなして移動生活をしていた。こういう小さなバンドたちが互いに他のバンドとほとんど接触しなければ、人間だけの伝染病は基本的には存在しない。たとえば、あるバンドでどういうわけかは問わずに、突然ある病原体が現われたとしよう。小さな集団だから、この病原体は無抵抗の（はじめての病原体に対する免疫は誰も持っていない）人々にとりついて、病原性が強ければかなりの死者が出るだろう。しかし、しばらくすればすべての人は死ぬか治るかしてしまい、病原体は死滅してしまう。小さな隔離された小集団においては、ゆえに病原体が安定的に存在する余地がないのだ。

この世界から麻疹《はしか》がなくならないのは常に誰かが麻疹に罹《かか》っているからであり、インフルエンザがなくならないのはやはり常に誰かが罹っているからである。今や天然痘に罹っている人は一人もいない。天然痘のウイルスは研究室の試験管の中でかろうじて余命を保っているにすぎない。自然保全論者のジャーゴン（専門用語）では、こういうのは野生絶滅と言うのだけれども、天然痘を野生復元しようと主張している保全論者はさすがにいないようである。天然痘が絶滅したのは人類の努力の賜《たまもの》だが、ホストの個体群が充分に小さければ、特段の努力をしなくとも病原体は存続できないのだ。人類に多種多様の疫病がはびこっているのは、人類の個体群が極めて巨大だからだ。

狩猟採集生活をして移動しているバンドには寄生虫もあまりいなかったらしい。寄生虫が安定的に存在できるためには、これまた安定的な感染のサイクルが確立している必要がある。たとえば、つい最近まで日本国中にはびこっていた回虫は、卵が人の口から入って成虫になり、消化管の中に住みついてそこで卵を産み、それが便と共に排出されて再び誰かの口に入る、というサイクルを繰り返すことによって安定的に存在していた。私が小学生だった頃、畑の肥料はまだ人の糞尿《ふんにょう》であった。畑に糞尿を撒《ま》くことは同時に回虫の卵を撒くことでもあるから、これでは回虫症はなくならない。小学校では毎年検便をして、回虫の有無を調べていたような気がする。同級生の半分くらいは陽性だったと思う。陽性だとチョコレートのような駆除薬をくれた。これが結構おいしかった覚えがある。たまに陰性だと、チョコレートを食べている友達がうらやましかった。

人糞が化学肥料に変わった途端、回虫はあっという間に消えてしまった。回虫のライフサイクルが断ち切られたのだ。藤田紘一郎の説によれば、最近花粉症をはじめとするアレルギーが多発しているのは寄生虫症がなくなったからだとのこと。アレルギーを起こすIg（イムノグロブリン）Eという抗体は元来は対寄生虫用らしく、仕事がなくて花粉なぞに過剰反応しているというわけだ。アレルギーで悩んでいる人を見ると回虫症の方がましな気がする。小学生の頃、回虫検査が陽性でも別に何ともなかったものね。家族の中で私だけがアレルギーから無縁なのは、ガキの時に回虫に感染していたせいかもしれないと思うと、回虫もまんざら捨てたものじゃない。

話を元に戻す。移動タイプの狩猟採集民は寄生虫が感染サイクルを確立する前に他所《よそ》に移ってしまうため、寄生虫にとりつかれることもほとんどなかったはずである。疫病もない寄生虫症もないとなると、狩猟採集民は健康で長生きしたのだろうか。健康だったのは確かだったようだが長生きはできなかったみたいだ。まず食糧が確保できなければ餓死してしまう。次に狩猟などという、時には命がけのことをするのだから怪我は避けられない。傷口から破傷風菌に侵入されて命を落とす人も多かったろう。破傷風菌は人間とは無関係に土壌中に生存しているので、このタイプの感染症は防げない。野生動物と共通の病原体による感染も防ぐことは難しい。平均寿命が三十歳を超えることはまずなかったであろう。疫病や寄生虫症がなくとも生きるのは大変だったのだ。

約一万年前に農耕を発明した人類は飢えの恐怖から大分解放されたに違いない。人々は定住生活をはじめ、人口は飛躍的に増加していった。それと共に人類は疫病と寄生虫症に恒常的に悩まされるようになったのだ。たとえば、結核は今から五千年から一万年前に出現したと考えられている。それまで、結核という病気は存在しなかったのである。結核はもとは牛の病気だったらしい。人類が牛を家畜化し始めたのは六千年より前だとされる。青木正和『結核の歴史』(講談社)によると、最初、罹患《りかん》牛の牛乳を飲んだ人々が結核に罹り、人体に入った牛の結核菌は人の体内に適応するように進化していき人型の結核菌ができたわけだ。現在、進行中の鳥インフルエンザのお話とそっくりである。

それでも、数世紀前までは全世界の人々が簡単に交流することはできなかったから、伝染病はローカルな色彩が強かったはずだ。結核は長らく大陸の病気であり、日本に侵入したのは六世紀か七世紀頃。記録に残る日本最古の結核患者は天武《てんむ》天皇とのことだ。同じように天然痘は西方の疫病であり、中国に入ったのは漢の時代の紀元前二世紀以後、日本には八世紀に九州に入り急速に拡がったという。梅毒が西インド諸島の地方病であったことはよく知られている。コロンブスの一行がヨーロッパにもち帰ったのが一四九三年。またたく間にヨーロッパに拡がり日本に入ったのはその約二十年後の一五一二年である。当時の交通事情を考えれば、この伝播《でんぱ》速度は驚異的である。最近のHIV（エイズウイルス）の拡がりなどを見ても、マクロに見ればヒトは見境なく誰とでもセックスをするのだということがよくわかる。このことを思うにつけ、十八歳未満の青少年と大人とのセックスを禁じる条例というのは、おバカの極みだとおかしくなる。すべての野生動物は繁殖可能な年齢になれば交尾をする。前にも書いたように、人類は完全な野生動物だから、十五や十六の女がセックスをするのは自然現象以外の何ものでもない。自然現象を法律で禁止したり強制したりすることは不可能だということは小学生にでもわかる。

ところで話はバカの極みではなく病気である。コロンブスの時代、世界各地のローカルな人類個体群をつなぐ回路はわずかしかなかった。今、世界各地は空・陸・海の通路で結ばれ、全世界の人類はひとつの巨大な個体群である。中国で発生したSARSが空路を通ってすぐにカナダに飛び火したことからもそれがわかる。六十八億もの人口を擁する個体群は、病原体にとってみれば、よだれが出る程おいしいホストであろう。擬人的な言い方をすれば、あらゆる病原体はこの巨大な潜在市場を開拓すべく虎視眈々と機会を狙っていると思って間違いはない。

病気は人類の友であることは確かだとして、友達になりたがっているのは、もちろん人類の方ではなく病気の方である。交流可能な巨大な人口を擁する人類は、このストーカーのような病原体たちから免がれる術はない。ところで、病原体の方も、人類と末永くお友達でいるためにはそれなりの戦略が必要だ。牛の結核もSARSも鳥インフルエンザも、人類の個体群をホストとすべく侵入してくるまではよいのだが（人類にとってはよくないが）、何せ最初は勝手がわからない。そこでホストを無闇と殺したりする。SARSや鳥インフルエンザは言うまでもなく、結核も当初は急性のすさまじい病気だったのかもしれない。他のホストに乗り移る前にホストを殺してしまうのは病原体としては賢い戦略ではない。ホストが死ねば自分たちも道づれになってしまうのだから。これでは、いつまで経っても巨大市場を開発できない。

人から人へ接触感染するといったタイプの感染症の病原体は、ゆえに人類にとりついた当初は重い病気を引き起こすといった、徐々に軽い病気に進化すると考えて間違いはない。昔、エイズが日本に侵入した直後、これについて何か書いてくれと頼まれて、HIVにとっての最適戦略は、潜伏期が五十年ぐらいになって、しかも感染者の性欲を亢進させることだと書いたことがあった。筆のはずみで、そうなれば病気ではなくて立派なクスリだ、と付け足したのがいけなかったのか。原稿は見事にボツになった。しかし、私の書いたことはあながちウソではないのである。

ウイルスの中にはさらに巧妙な奴がいて、人間のDNAの中に割り込んでしまうものもいる。こうなれば、自分は何もしなくとも、細胞が分裂すれば自動的に自分も増え、子供が生まれれば、自分も子供と共に生き延びられる。これを内在性ウイルスという。時々、本性を現わしてホストを病気にさせることもあるけれども、たいがいは何もせず単なる寄生生活を楽しんでいる。これぞ究極の人類の友であろう。あまりにも暇なので、退屈の果てに時々かけがえのない主人を病気にさせて、自分も道づれに死のうとするのかもしれない。まことに退屈は死に至る病である。

病原体の中には病気が軽くなるようには進化しないのもいる。インフルエンザを他人に感染すには、人ごみの中で咳をするのが一番である。逆に言えば、外出できる程度に元気な方が病気は流行し易い。しかし、病人が動けなくとも、かわりに何かが病原体を運んでやれば病気は感染る。何かとは何か。たとえば蚊である。だからマラリアはいつまで経っても軽い病気にはならないのだ。マラリアの病原体にとっては、病人が動けるよりも、病人の体内で自分自身が爆発的に増加する方が好都合なのだ。

 ともあれ、一万年程前に人類が農耕を発明して以来、疫病や寄生虫は人類と共存してきた。この百年程前から、人類は衛生状態を改善して寄生虫を追放し、抗生物質を発明して細菌性の感染症を撲滅してきた。人類以外にとりついている病原体にしてみれば、人類の個体群は広大な空きニッチなのだ。あまつさえ、人類以外の野生動物は人類に滅ぼされつつあり、安住の地は徐々に狭まっている。このところ、たて続けに起こっている新型のタイプの疫病の発生は、自らの存亡をかけた病原体たちの必死の生き残り作戦なのかもしれない。そう考えれば可哀想なのは病原体の方かもね。だからと言って病気になった方がいいと言っているわけじゃありませんけどね。

プライバシーと裁判員制度

二〇〇四年三月十七日発売（三月二十五日号）の「週刊文春」が田中眞紀子議員の長女の私生活を三ページにわたって取り上げた問題で、東京地裁が出した出版差し止めの仮処分をめぐるゴタゴタについて私見を述べることからはじめたい。

プライバシーの保護というお題目がいつから錦《にしき》の御旗《みはた》になったのかは知らない。しかし、よく考えてみるまでもなく、普通の人には守るべきプライバシーなどは実はほとんどないし、さらに言えば守りようもない。ケータイの恐るべき普及は、またたくまにこの世界を相互監視社会に変えてしまった。昔、ケータイがまだチラホラだった頃、何でケータイなんか必要なんだろうね、と私と女房はいぶかしんでいた。きっと浮気をするのに便利なんだ、と女房は言い、私は笑った。

確かに自宅と会社にしか電話がなければ、連れ合いや同僚に知られることなく浮気をするのは仲々大変かもしれない。逢引《あいびき》した時に次の逢瀬《おうせ》を決めておかない限り、電話か手紙で連絡せざるを得ず、その過程で誰かに密会を知られる可能性は高い。ケータイがあれば誰にも知られることなく約束ができる。これは便利だわ、と浮気をしている人やこれからしたい人が思ったとしても不思議はない。しかし、メリットがあれば必ずデメリットがあるのは世の常だ。ケータイには愛人ばかりでなく女房や亭主、果ては会社からも容赦なく電話がかかってくるのだ。

ケータイは愛人と連絡する道具であると同時に相互監視システムのアイテムとなったのである。そのうち、居所までぴったりわかるケータイを持たされて、電源を切れば何やらあやしげなことをしているのではないかと疑われるようになるのは間違いない。私はケータイを持っていないし持つつもりもない。家を出れば、私が何をしているかは誰も知らない。別にさして大それたことをしているわけではないが、虫を採っていたり、一人で散歩をしている時に電話などかかってくるのは腹立たしい。私には守るべきプライバシーなどはほとんどない。私がケータイを持たないのは単にわずらわしいからであってそれ以上の理由はない。

ケータイを持っている多くの人にとってもプライバシーに関する事情は多分同じであろう。浮気をしていたり、着服をしている人でない限り、人に知られて困るようなプライバシーを持っている人は実はあまりいない。そしてさらに本当のことを言えば、無名の人の浮気などに興味をもつ他人は誰もいないし、浮気の事実を知りたい人（たとえば、浮気をしている本人の連れ合い）は知る権利のある人だろう。もちろん、クレジットカードの暗証番号やEメールのパスワードは知られたら困るが、それはプライバシーの保護といった話とは少し違う。

好コントロール装置たる国家は人々の個人情報の収集に余念がないし、ケータイに代表される情報ネットワークシステムはすでに述べたように、個人のプライバシーの余地を狭めるように機能している。国は挙げて個人情報の保護などというおためごかしの宣伝にこれつとめているが、保護されて得する個人情報を持っているのは一握りの特権階級の人だけなのだ。プライバシーの保護という錦の御旗の下で、出版差し止めが簡単に可能になるとしたら、公共性は滅びの道を歩む他はない。

「あなたは自分のプライバシーを守りたいですか」と聞かれれば、私のようにヘソ曲がりでない限り、多くの人は諾と答えるだろう。多くの人が諾と答えるとあらかじめわかっている質問をあえて発することは、それ自体政治的な誘導なのだ。あなたが犯罪に巻き込まれたりしない限り、あなたのプライバシーを報道する週刊誌などはない。あなたのプライバシーなど知りたい人は実はほとんどいないのだから。よし、犯罪の被害者になったりしてプライバシーを保護してもらいたいと思ったとしても、ほとんどの一般人は出版前に販売差し止めの仮処分を裁判所に求めることは事実上不可能であろう。はっきり言ってそういうことが可能なのは一握りの特権階級だけだ。田中眞紀子の長女だからこそできたのだ。法律はたてまえとしては万人に公平なように作られている。しかし、週刊誌に自分のプライバシーがあらかじめ書かれる事態を予測し出版差し止めの請求ができるのは一部の人だけに限られる。結果として、一部特権階級のプライバシーのみが守られることになりかねない。当然その中には公共性の高い情報も含まれるだろう。事実上事前検閲へ道を開くものだと批判されても仕方がない。

私自身は問題の記事を読んでいないし読むつもりもない。田中氏の長女のプライバシーに個人的な興味はない。読んでみれば公共性の高い情報は含まれておらず、単なるのぞき趣味を満足させる程度のものなのかもしれないが、それは事前の販売差し止めの可否とは無関係だ。もちろん、この記事がプライバシーの侵害に当たる可能性はあるだろう。しかし、読んでみなければわからないわけだから、販売前に差し止めるとの決定は暴挙であろう。まあ、実際には大半は販売された後だったのだけれども、こういう判決が続くようだと、日本もそろそろヤバイと思う（幸いなことに、高裁では逆転の決定がでた）。ほとんど、政府の御用放送になった最近のＮＨＫなどを見ていると、日本の言論統制は益々ひどくなるんだろうね。

言論統制と言えば、裁判員制度の守秘義務はどうだろう。これはプライバシーの保護と密接に関係している。ついでだから以下に私見を述べてみたい。誰がどんな目的で裁判員制度なるものを導入しようとしているのか、私は知らない。日本のような国でこういう制度が首尾よく機能するかどうかも、私にはよくわからないところがある。導入する以上、うまく機能するように願っているが。一番問題となっているのは守秘義務違反に懲役刑まで科そうとの案であろう。守秘事項は大きく分けて二つあり、ひとつは犯罪そのものに関する情報であろう。レイプ殺人などの場合、犯罪状況を微に入り細に入り公表されたのでは、被害者の家族は耐えられないということもあろう。犯罪の場合、状況をどこまで正確に報道するかは、被害者のプライバシーとのかねあいで大変難しい。特に猟奇殺人の場合、人々の好奇心のおもむくままに、情報を次々と公開するのは、被害者のプライバシーの侵害という側面ばかりでなく、類似の犯罪を誘発する可能性も高くなり、頭の痛い問題であろう。

サディズムの傾向が強い犯罪では、それに刺激されて暗い欲望を抱く人間が一定の割合で出現するのを阻止する術《すべ》はない。よく似た猟奇殺人が連続して起こるのは情報化社会の宿命だ。だから情報を統制しろ、という話に短絡してもこれまた困るのだ。昔、三島由紀夫が切腹事件を起こした時、大新聞の紙面に床に転がっている三島の生首の写真が載っていたのを覚えておられる方もいると思う。今、同種の事件が起きても、新聞は恐らく生首の写真を載せないだろう。情報の統制はソフトな形でどんどん強くなっており、人々は死体をはじめ見てはいけないものを見ないように統制されているのだ。神戸の大地震の時、あれほどの死者が出たにもかかわらず死体の写真はほとんど公表されなかった。好コントロール装置はリアルな情報を隠蔽《いんぺい》しはじめて久しい。我々が知ることのできる情報は、我々が直接経験できるごくわずかなものを除いて、すべてヴァーチャルなものになりつつある。

不思議なことに多くの人は、テレビや新聞などのメディアを通し、世界で何が起こっているか理解していると信じている。しかし、実際は人々が知っていると思っている世界はメディアに加工されて表出された多少ともヴァーチャルなものなのだ。裁判員となって知り得る犯罪情報は稀《まれ》な例外と言ってよい。裁判員を介してこういったリアルな情報が流出するのを好コントロール装置たる権力が警戒するのも故なしとしない。しかし、情報をある程度以上公開しなければ、裁判が合理的に行われたかどうか検証することは難しい。メディアとは異なる視点からリアルな情報を公開する可能性を閉ざさないことは、多分社会にとってプライバシーの保護以上に重要なことなのだ。この意味からは裁判員に犯罪に関する情報を公表することを一律に禁ずるのは疑問であろう。

裁判で知り得るリアル情報は犯罪に関するものばかりではない。裁判のプロセスで知り得る他の裁判員の意見もまた重要な情報であろう。裁判員の守秘義務は主としてここに関するものを想定していると考えられる。被告人に不利な意見を表明したのを他の裁判員に公表されたばかりに、後で御礼参りに遭うということもないとは言えまい。しかしそれは大した問題ではない。

問題は多分、メディアの論調に逆らって少数意見を表明する時に起きる。世間の耳目を引く大事件の裁判員になった時のことを考えてみよう。たとえば、オウム真理教の麻原教祖の裁判の担当になったとしよう。そこで証拠を子細に検討し、麻原教祖は数々の殺人事件に直接かかわっておらず、死刑は相当でないとの確信を深めたとする。麻原の死刑を当然とするメディアの論調の中で、裁判員として自らの確信を表明するのは、それだけでも相当な覚悟が必要だろう。ましてそのことを他の裁判員によって公表されたら、世間からどんなバッシングを受けるかと思うと、多くの人は裁判で自分の確信を表明することに及び腰になるに違いない。

他人の不幸は蜜《みつ》の味であるという。死刑が公開で行われていた昔、公開処刑は民衆に対する権力のみせしめであると同時に、民衆の密《ひそ》かな楽しみでもあったのだ。権力の戦略がみせしめから情報操作に変わった今も、世間は楽しみのためにバッシングする対象をいつも探している事情に変わりはない。自分にはいかなる火の粉もふりかかることなく他人をいじめられることほど楽しいことは、他にはないのかもしれない。

こういった情況を勘案すれば、他の裁判官や裁判員の意見を裁判終了後も公表してはいけないと決めるのもやむを得ない気もする。しかし、半面では裁判員制度を導入するほど民度が高いのであれば、自分の意見を公表されて困るというのは矛盾している。裁判の時に表明した自分の意見を公表されて困るような人が裁判員となって、果たして合理的な判断がなし得るのかという疑問が残るということだ。いくら立派な制度を作っても、運用する人の程度が低ければ、民主主義は正常に機能しない。民主主義はどうしてもポピュリズムになり易く、ポピュリズムの下では、権力は情報操作の誘惑に抗し難い。裁判員制度が感情に左右された一種の人民裁判のようになるのであれば、そんなものはない方がましであろう。

究極において言論の自由はプライバシーの保護や国家機密に優先するのだ。そのことを肝に銘じておかなければ、国家は国民の道具ではなく、一部特権階級の道具になってしまう。

自己責任とは何か

どうもね。日本はヒデエ国になりつつある。まあ昨日今日にはじまったわけじゃないって気もするけど。イラクで人質になった人に対する官民あげての大バッシングのことだ。

私はよく東南アジアに虫採りに行く。行きたい所に行く自由がある。当たり前のことだ。人は政府の意向など気にせず行きたい所に行く。山奥の不便な所へ行くから危険も多い。タイの田舎でサソリに刺されたこともある。あまり毒の強い種類じゃなくて命に別状はなかった。タイと言えばバンコクのタクシーは恐ろしい。古い日本製の車でこれ以上はスピードがでないほど飛ばす。死ぬかもしれないと思ったことも一再ならずある。沖縄では夜中にハブをまたいだこともある。生き長らえたのは運がよかっただけだ。死んだからと言って、自分の意志でやってんだから、誰のせいでもない。タイのタクシーに乗って死んだら、事故を起こした運転手の責任だろうが、危ないタクシーに乗る選択をしたのは自分だから、それ以外の選択がある状況においては、死んだ原因の一端は自分の行動パターンにあることは明らかだ。しかし、他人の運転する車の事故で死んだのはどんな状況であれ、自己責任とは言わない。

沖縄でハブにかまれて死んだら自己責任である。山に登ってガケから落ちて死んでも自己責任である。ハブやガケは責任を取れる主体ではないからだ。もっともそのうち、道路を歩いていてハブにかまれたら、ハブが道路を歩いているのを放置した道路管理者の責任ということになるかもしれない。こうなるとほとんどアメリカである。タバコを吸って肺がんになったのはタバコを売った会社の責任だという訴訟をやっている国だ。

最近、日本もだんだんアメリカに近くなってきた。生徒の勉強ができないのは先生のせいだという。東京都の教育委員会に至っては、卒業式で〝君が代〟を歌う時に生徒が立たないのも先生のせいだという。東京都の公立学校の卒業式に来賓で出席した何とかいう都議が、〝君が代〟を歌う段になり、席を立たない生徒に腹を立て、「立ちなさい」と怒鳴ったという。下品の極みだけれど、人は厳粛な式の最中でも下品なことを口ばしる自由ぐらいはある。それでも大半の生徒は立たなかったという。人は下品なおじさんに立ちなさいと怒鳴られても立たない自由ももちろんある。

私の個人的な意見では、〝君が代〟は聞くに耐えないダサイ歌だし、〝日の丸〟は赤いしみのついた布切れにすぎない（そのうち、こういうことを口走ると、国歌国旗侮辱罪なんて法律でブタ箱に放り込まれるようになるかもしれねえな。それまでに早く死んでしまおうっと）。中には〝君が代〟〝日の丸〟のために命を捨てる人もいるかもしれない。そ

う いう人がいても私は別に止めたりしない。自分の考えで何をしようとそれこそ自己責任だからだ。東京都教育委員会は、席を立たなかった生徒がいたのは、先生が危険思想を吹き込んだせいか、さもなくば指導力不足のせいだとして、先生を処分する構えらしい。

昔、気に食わない先生がいると卒業式の時に御礼参りと称して先生をなぐったものだ。今、気に食わない先生がいたら、卒業式の時に席を立たなければよい。教育委員会が代わりに御礼参りをしてくれる。不思議な世の中になったものだ。そのうち、卒業式の前になると、「オレには妻も子供もいる。クビになったら食っていけない。お願いだから卒業式の時には席を立ってくれ」と土下座して生徒に頼む先生が現われるかもしれない。面白え世の中になったものだ。

何でも他人のせいにするこの国に〝自己責任〟なんてコトバがまだ生きているとは思っていなかった。それがいきなり政府の高官と大マスコミによる〝自己責任〟の大合唱だ。何かウラがあるに決まっている。国民年金の保険料、払うも払わないのも自己責任、と言っている政府ならまだわかる。自分は払わないで国民からは強制的に保険料を取り立てようとしている政府高官の口から〝自己責任〟なんてコトバが飛び出したのだから恐れ入る。

人質三人プラス二人がイラクに行ったのはもちろん自己責任だ。しかし、拉致《らち》されて人質にされたのは本人の自己責任ではない。それを救出にかかった費用まで人質に請求しようなどと言い出すのは狂気の沙汰《さた》である。たとえば、若い女が夜道を一人で歩いていて拉致されたとしよう。危険な夜道を一人で歩いたのは自己責任だ。酔っぱらっていて電柱に頭をぶつけて死んだとしても、それも本人の自己責任だ。しかし拉致されたのは自己責任ではないのは小学生でもわかる。もちろん政府の責任でもない。拉致されたのは拉致した犯人の責任に決まっている。

一部の政府高官が主張したことは、この女の人を救出するのにかかった費用は、救出された本人が払うべきだと言っているに等しい。これはもはや国家とは言えない。拉致されたのは政府の責任ではない。しかし犯罪を解決するのは政府の義務である。国家の最大の存在理由は自国民の安全と自由を保障するところにある。それ以外に国家の存在理由などない。そもそも、イラクに入った日本人が人質になったのが自己責任であると心から信じているのであれば、人質になった時点で、人質になったのは自己責任なのだから日本政府は一切の救出努力はしないと明言すればよかったではないか。世界のもの笑いになるだろうが、話のスジは通る。

今回の事件に限って言えば、日本政府は何もしなくてもこの人たちは恐らく解放されただろう。それはこの人たちがアメリカのイラク侵略に反対し、自衛隊の派遣に反対している人たちだからだ。たとえば、自衛隊員が人質になったのであれば、事件はきっとまだ解決していないに違いない。恐らく日本政府は情報の収集に金を使っただけで、実際の救出にはほとんど関与できなかったのではないか。事実上カヤの外だった日本政府の救出実態を知っていたからこそ、政府高官はあれだけいらだっていたに違いないと私は睨《にら》んでいる。公明党の幹事長は「損害賠償請求をするかどうかは別として、政府は事件への対応にかかった費用を国民に明らかにすべきだ」と語ったと伝えられるが、やってみればよいと思う。日本政府が救出劇に何の力にもならなかったことがはっきりするだろう。

フランスの新聞ルモンドは、人質をバッシングする日本政府を批判して「日本人は人道主義に駆り立てられた若者を誇るべきなのに、政府などは人質の無責任さをこき下ろすことに汲々《きゆうきゆう》としている」と書き、何とアメリカのパウエル国務長官まで「誰も危険を冒さなければ私たちは前進しない。彼らや、危険を承知でイラクに派遣された兵士がいることを、日本の人々は誇りに思うべきだ」と語っている。

私はボランティアをするくらいなら、家でハナクソをほじりながら朝から酒を飲んでいた方がましという人間である。人質になった人たちを誇りに思ったりはしない。好きでやってんじゃしょうがないと思うだけだ。だからといって、人質になった人たちを非難するつもりは全くない。人には自分の好きなことをする自由がある。そりゃ政府は気に入らないだろう。政府の政策に反対しているのだから気に入らないのは当たり前だ。中には反日分子とまで口走った御仁がいるらしい。とりあえずありえねえ話だけれど、革命が起こって天下が引っくり返れば、あんたが反日分子になるんだということがわかっていない。反政府と反日はまるで違う。日本人が反日というのは語義矛盾ではないか。

年金問題でその後、辞任した福田官房長官は「自己責任とは自分の行動が社会や周囲の人にどのような影響があるかをおもんぱかることで、……議論以前の常識だ」と語り、さらに「十分な注意も払わずに自分の主義や信念を通そうとする人を称賛すべきだろうか」と述べたという。この人の頭の中にある社会や周囲とは要するに日本政府もっとはっきり言えば、自分とその仲間のことではないか。

ブッシュ政権はありもしない大量破壊兵器というデマを錦《にしき》の御旗《みはた》にしてフセインのイラクを侵略した。イラクの人々が解放軍がやってきた、とバラの花束を持って出迎えてくれると思っていたのかもしれない。今の泥沼のイラクを見れば、自分の行動が社会や周囲の人にどのような影響があるかをおもんぱかることもせず、十分な注意も払わずに自分の主義や信念を通そうとしたのは、ブッシュやそれに追随して自衛隊を派遣した日本政府の方であることは明らかだ。少なくとも大半のイラクの人々にとっては、日本の人質の行動よりブッシュの行動こそ大迷惑だったことは、太陽が東から昇るのと同じくらい自明なことだ。

福田官房長官の言い草は、政府に反対する奴は許さない、というだけのことだ。法治国家の政府高官のコトバとしてはあまりにもおそまつだ。政府の政策に反対する国民は、たとえ犯罪に巻き込まれても助けないなどという民主国家がどこにあるか。くり返して書くが、国家の存在理由は、国民の安全と財産と自由を守ることにあり、それ以外の存在理由などない。政府に追随する国民しか守らないというのでは、もはや民主国家ではなくて北朝鮮だ。

人質の〝自己責任〟論が急に浮上したのは人質が解放されるとの情報が伝わってから後である。日本政府は情報を集めるために走り回ったろうが、実際の救出劇には恐らく何の力にもならなかったのだろうと思う。事件当初から人質のことは苦々しく思っていたことは間違いないが、救出前にバッシングをして万一人質が処刑されるような事態になればヤバイと思ったのだろう。それで、救出されることがほぼ確実になった時点で、解放された人質が英雄視されることを恐れて、保守系マスコミを総動員しての大バッシングとなったのだと思う。

その論調はたとえば「日本政府の努力に対する感謝がなかった」（産経新聞）といったあからさまな感情論が主で、この尻馬《しりうま》に乗って、自ら傷つくことなく他人をバッシングできることに喜びを見い出している品性卑しき人々は、心おきなくこの娯楽に参加して、被害者及びその家族に対する大バッシングをはじめたというわけである。読売と産経の論調を見ていると、政府の政策に反対するものは非国民であるから、いかなるバッシングをしてもいいんだよ、と言っているようにしか思われない。

不況の出口は見えず、貧富の差は加速度的に開いていく。一方で親の遺産で働かなくても食える人がいる半面、収入が極端に低い人々がいる。我が国の最低賃金はＯＥＣＤ諸国中最低位で、ベルギーの約半額だという。しかもその額は生活保護支給額よりも低いとのことだ。所得の再配分をいかに合理的に行うかは直面する最重要の課題のひとつだと私は思う。このままでは暴動のひとつやふたつ起きても不思議はない気がするが、心やさしいこの国の人々は羊のようにおとなしい。

政府は国民の不満をエセナショナリズムの高揚で解消する戦略を意識的にか無意識的にか取りはじめたのかもしれない。「テロに屈してはならない」とか「政府と国民が団結して事に当たらなければならない」とかいったあやしげな言説は、国民の目を現実から逸《そ》らす麻薬である。何度もくり返すが、国家は国民の道具であってそれ以上のものでは決してない。ヤクザな道具はすみやかにお釈迦《しゃか》にして、使い勝手がよい道具に変えなければならない。

「氏」と「育ち」

人間の性格や行動は何によって決まるのだろう。ある人々は遺伝子がこれらを決定していると言い、別の人々は環境こそ重要であると主張していた。前者の代表は優生学、後者の代表は行動主義である。百年以上続いたこの論争は、「氏」か「育ち」か論争、として知られているが、今や完全に無効になった。最近の生物学の発展は、すべての形質(形態も行動も)は発生システムの過程で、遺伝的要因と環境要因の相互依存的な協同作用により生じることを明らかにしたからだ。

優生学を政治的な指針にしたのはナチスドイツである。優生学の祖、ゴルトンはイギリスの人で、チャールズ・ダーウィンの親戚《しんせき》である。一方、行動主義を政治的な指針にしたのは何人もの共産主義の指導者たちであった。行動主義の祖、ワトソンはアメリカ人で、彼の考えは二十世紀中葉のアメリカの心理学界を席巻《せっけん》したのである。これらのことを想えば、理論と実践の場所は見事なほどに乖離《かいり》している。こういうのも歴史の妙と言うのだろうか。

遺伝的に優等なアーリア人の血統を増殖させ、劣等なユダヤ人の血統を絶滅させようとしたナチスの企ては、アーリア人は優秀に違いないという根拠なき誇大妄想の産物であった。遺伝的バリエーションについて言うならば、人種内の個人間の差の方が、人種の平均値の差よりも大きいのである。人種という概念を死守し、それを固定できると考えるのは人種差別主義者の頭の内にしかない夢である。人種は生物学的には定義できない。人々がこのような考えに取りつかれるのは、人間の多くの形質は遺伝的に決定されていると考えているからに違いない。しかし、どんな形質も遺伝子だけで決定されているわけではないのだ。

一方、遺伝的背景とは無関係に、環境や教育によって、いかようにも人間の性格や行動を変えうると考える人たちもいる。多くの共産主義者はこの考えを政治に利用したが、とりわけすさまじかったのは、カンボジアのポル・ポト一派であろう。子供を親と引き離し、白紙の状態から教育すればどんな思想にも染め上げられるとポル・ポトは考えたらしい。個々人の遺伝的背景や多様性を無視しては、いかなる教育をしても、粘土をこねるように自由に人間を作り変えるわけにはいかないのに。

効果がないのに無理に効果があったふりをしようとすれば、従わないものは弾圧をして面従《めんじゅう》を強いる他はない。面従を強いられた人間のかなりの割合は腹背をするようになる。面従腹背をしている人間は、イヤイヤやっているわけだから生産効率は当然上がらず、このような政策を遂行し続けようとする政治権力は、他の政治権力との対外的な競争が働く限り、遠からず瓦解《がかい》するはずだ。多くの共産主義政権が経済のグローバリゼーションの下で、あえなく潰《つい》え去ったのは、面従腹背という人間の行動パターンには何ほどかの生物学的な根拠があるからに違いない、と私は思う。

近頃、東京都教育委員会は、入学式や卒業式で〝君が代〟〝日の丸〟を強制するという愚かなことをやっている。強制で人の心を変えることができないのは共産主義の無残な歴史が証明している。石原慎太郎東京都知事や東京都教育委員会の面々は、本人たちがどう思っているかにかかわらず、頭の中身は共産主義者と同型なのかもしれない。いや、もしかすると、面従を強いることによって教師たちのやる気を失せさせ、東京都の公立学校のレベルをダウンさせようとの陰謀なのかもしれねえな。

ところで、「氏」か「育ち」か論争で一番調べられているのは一卵性の双生児である。一卵性双生児の遺伝子は互いに同じである。三十二億もの塩基対《えんきつい》をもつDNAも同じである。ちなみにDNAと遺伝子は異なる。遺伝子はDNAであるが、DNAは遺伝子ではない。DNAの三十二億塩基対のうち遺伝子として機能しているのはせいぜい五パーセント位らしい。残りは何をしているのかよくわからない。ジャンク（がらくた）だという人もいる（注）。一卵性双生児はジャンクの部分も含めてDNAは全部同じだ。しかし、考え方や行動まで同じというわけではない。

何が異なるのか。育つ環境が微妙に違うのだ。まずは生まれた後の環境が違う。食・住といった生活環境は、同じ家で育てばほぼ同じだが、問題は相手の存在だ。一卵性双生児といえども互いにライバル心はある。ライバル心が強ければ、相手と全く同じことはしないだろう。知能レベルは同じでも、相手が文系に行きたいと言えば、自分は理系に行こうと考えるかもしれない。それでは、生まれた直後は同じなのか。多くの人はそう思うかもしれない。しかし、それは違うのである。

普通の状況下において、ヒトの胚《はい》は発生をはじめてから一週間後に絨毛膜《じゅうもうまく》と呼ばれる膜を作りはじめる。最終的にこの膜は胎盤の一部に分化する。さて、一卵性双生児がどうしてできるのかというと、受精卵が発生をはじめてから九日目までの間に分裂をして二つに分かれるのだ（九日より後で分裂すると体の一部を共有したまま生まれてくる）。一卵性双生児の三分の二は、受精後五日目から九日目の間のどこかで分裂して生じるが、絨毛膜はすでにこの時までに発生していることが多く、この場合、二人の胎児は胎盤を共有する。ところが三分の一の一卵性双生児は、受精後五日前に分裂して生ずるので、この場合は別々の胎盤をもつことになる。これらの二つの胎児期の違いは、発現する形質に違った影響を与えるのだ。後者の一卵性双生児は生まれた時点ですでにかなり異なっているわけだ。

たとえば、胎盤を共有する一卵性双生児のＩＱは、胎盤を共有しない一卵性双生児のＩＱに比べ、近似度がずっと高いことがわかっている。そうは言っても、やっぱり最も重要なのは遺伝子で、発生環境はセカンダリーだと考える人がいるかもしれない。しかし、それは誤解なのだ。遺伝子は生物の体にくり付けの情報であって、環境は偶有的な情報であるという違いがあるだけなのだ。情報という観点からは基本的には等価なのだ。

通常、翅《はね》が二枚のショウジョウバエに翅が四枚生じる変異（奇形）が生ずることがある。これは普通、遺伝子の突然変異で生じる。一方、遺伝子が正常でも、卵《らん》をエーテルの蒸気に少し曝《さら》してやると四枚翅のショウジョウバエができることがある。表現型は全く同じである。この場合、ショウジョウバエの発生システムにとって、遺伝子とエーテルは情報として等価なのだ。

一卵性双生児のような全く同じ遺伝子組成をもつ個体の変異の原因は環境に決まっているし、環境が全く同じ二個体の変異の原因は遺伝的なものに決まっているが、形質そのものは遺伝子と環境が発生システムの中で相互作用して発現したのだ。どちらかの要因がより重要ということはないのだ。

遺伝子によりほとんど決定されているように見える形質でも、極めて特殊な環境の中では、たとえ遺伝子が同じでも別の形質を帰結することもあるのだ。フェニルケトン尿症という遺伝病がある。フェニルアラニンというアミノ酸を分解する酵素が先天的に欠損していることから発する病気だ。多くの場合、フェニルアラニンが脳に蓄積し知能障害に陥る。治療は簡単である。フェニルアラニンを制限した食事を与えればよいのだ。患者はひどい知能障害に陥らないで育つ。

通常、我々の食べ物にはごく当たり前に多量のフェニルアラニンが入っている。フェニルケトン尿症による知能障害を抑える環境が発見できないうちは、知能障害は遺伝子により、一意に決定されているように見えたとしても無理はない。しかし、この場合でもフェニルアラニンが潤沢にあるという環境が病気の発現に大いに関係していることは論をまたない。余りにも普遍的な環境は形質発現の原因とは見なされなくなってしまう。

「不治の病を予測する」の章でも取り上げた、ハンチントン病という遺伝病がある。優性の遺伝病で対立遺伝子のひとつが正常遺伝子でも、一方がハンチントン病の遺伝子であると遺伝病に陥ってしまう。今のところ、根本的な治療法はない。この遺伝子があると中年以後に必ず発病すると考えられている。この場合、遺伝子と病気の対応は厳密に決定論的であるように見える。しかし、もしかしたらある特定の環境下では、発病が抑えられるのかもしれない。単にまだその環境が解明されていないだけということはありうる。

多くの形質は赤ん坊として生まれた時にはすでに大方決まっている。だからといって、それらの形質がすべて先天的に決まっていることにはならない。ヒトの場合、最も重要な発生プロセスは胎児の段階で終わってしまう。遺伝子たちと環境がどのように情報をやりとりして、発生プロセスを進行させるかはまだヤブの中だ。

受精卵を出発点とすれば、すべての形質はエピジェネティック（後成的）に決まるのだ。

当然のことだが、受精卵の中には心臓も脳もない。遺伝子は受精卵の中に入っている形質を決定する設計図であると言われるが、この喩《たと》えは必ずしも適切でない。家の設計図は家を建てる部品やその位置を決めている。そこに時間の要素は入っていない。一ヶ月で建てても半年かかって建ててもほぼ設計図どおりの家が建つ。

しかし発生はまるで違う。適切な時に適切な遺伝子のスイッチが入らないと、発生は首尾よく進行しない。スイッチのオン、オフを司《つかさど》っているのは、他の遺伝子たちや、細胞の内外の環境である。しかも、遺伝子がオンになって発現する情報の一部は環境によって代替可能なのだ。環境が異なれば、遺伝子のスイッチが入るタイミングがずれて、結果が異なることは大いに考えられる。ある遺伝子が別の遺伝子と独立にある形質を作っているという話ではまるでないのだ。遺伝子Aに最初にスイッチが入って、次に遺伝子Bにスイッチが入る場合と、逆にB、Aという順番でスイッチが入る場合とでは、結果が変わることは大いにありうる。

近頃、デザイナー・チャイルドなどといって、遺伝子操作技術によって遺伝子を自由に組み合わせて、頭が良くて、スポーツ万能で、芸術的才能もあり、見目うるわしい人間を、将来は作れるようになるかもしれない、と考えている人もいるようだが、話はそんなに単純ではないのだ。遺伝子たちは互いに相関しているため、こちらを立てれば、あちらが立たずといった事になるに違いない。発生システムの中での遺伝子たちと環境の相関の詳細は当分は解明されないだろうから、どっちにしても、オレが生きている間は関係ないけどね。

文庫版注：最近ジャンクと言われていたDNAの中には重要な機能をもつものが沢山含まれていることがわかってきた。

明るく滅びるということ

　小学校六年生の女の子が、同級生の女の子の首をカッターナイフで切って殺した事件に続いて、中学二年生の女子生徒が、五つの男の子を階段から突き落として殺そうとした事件が起き、日本もいよいよ亡国かとお嘆きの方も多いと思う。

　前者の事件のきっかけは、自分のホームページに悪口を書き込まれた女児が殺意を抱いたことに発すると言うし、後者は、ゲームセンターに行っていることを母親に言いつけてやる、と五つの男の子に言われて口封じをしようと思った、とのことであるから、きっかけの軽さと犯罪行為の重大さの乖離《かいり》はすさまじい。

　前者の事件が起きた長崎県では、一年前にも中学一年生の男子生徒が四歳の男の子を誘拐して殺害する事件が起きており、女児の事件の後で、学校や県教委に、どうして防げなかったのか、といった類《たぐい》の非難の電話やメールが殺到したという。学校は基本的に知識を教えるために存在しており、犯罪の予防のための装置ではないから、学校を過度に非難したところではじまらない。ここにあるのは恐らく、非難しても反論される恐れがない対象に対する徹底的なバッシングという構図であり、むしろこのような正義を装ういじめによってしか、自己の欲求不満を解消することができない人々が、少なからぬ数存在するという事実こそが、一連の少年少女の犯罪の裏にひそむ社会的な要因なのかもしれないのである。

このての不可解な犯罪の原因を特定することは極めて難しい。ましてや、日常茶飯事のごとく起こる少年少女による凶悪犯罪のすべてに通底する原因といったものを軽々に口の端に掛けることには慎重の上にも慎重でなければならないだろう。事件の翌日から翌々日にかけて、かなりの都道府県は、傘下の市町村の教育長と学校長に対して、「生徒指導の一層の充実」と題する次のような主旨の通達を出したようだ。①生命を尊重する心、規範意識、正義感の育成。②全教職員の共通理解と共通行動による生徒指導。③家庭や地域社会、関係機関との積極的な連携。

こんな通達を出したところで屁《へ》の役にも糞《くそ》の役にも立ちゃしないと私は思うけれども、事件が起きたからには何かしなければ非難されるのではないかとの強迫感があるということだけはよくわかった。教育現場に強く漂う、正しいことをしなくちゃいけない（何が正しいかなんてことは誰にもわからないのにね）という強迫観念もまた、このての事件の陰の要因なのではないかと私は秘《ひそ》かに思っている。

もとより、個々の事件の背景は様々で、背後に特定の社会的要因が存在するかどうかはにわかに断定することはできない。いつの時代でも、どんな社会でも、犯罪人と浜の真砂は尽きたことはないわけで、沢山の人がいれば、異常な犯罪を起こす人が一人や二人いても不思議はない、と言うこともできる。このような観点からは、個々の事件はすべて特殊事情によるもので、通底する社会的要因を探るといった試みはムダなことだと考えられなくもない。

しかし、前章の「『氏』と『育ち』」にも書いたように、ヒトの形態や行動は、すべてヒトというシステムに作用する遺伝的要因と環境要因の相互依存的な相関の結果であるならば、社会的要因について一顧だにしない態度もまたかたくなであろう。というわけで、私なりの考えを述べてみたい。

私がガキの頃にも不良少年少女というのは沢山いて、それなりの悪さをしていたわけだが、そこそこの優等生がいきなり殺人といった事件はあまり記憶にない。ところが、長崎で起きた二つの事件、中学一年生の男子生徒による男児誘拐殺人事件と、小学六年生の女児による同級生殺害事件の加害者は、共に表面的にはとても「よい子」だったという。少年はいつも学校指定の制服と運動靴を着用し、他人に会えばきちんとあいさつし、夕方の帰宅時間を気にするような子だったという。少女の方は、教師の話によれば、成績がよく明るく元気にあいさつをする子で、しっかり者のがんばり屋さんだったとのことだ。昔だったら、不良少年少女の対極にいるタイプの子である。この子たちは表面的な「よい子」

の仮面の下で、やり場のない大きな不満を抱いて生きていたのだろう。この二つの事件に限らず、「よい子」がキレて起こす事件は、最近の少年少女犯罪の一類型である。

もうひとつの特徴は、冒頭で記したように、ささいなきっかけから重大な犯行に及ぶ、落差の激しさであろう。私が悪ガキだった頃の不良少年少女たちも、悪いことはずいぶんした。かっぱらいやケンカは日課のようなものだった。不良少年のはしくれだった私が言うのだから間違いはない。しかし、これ以上やってはいけない限度というのをわきまえていたように思う。しょっちゅうケンカをしていたわけだから、なぐられる痛みは身にしみてわかっていた。テレビで殺し合いを見るのはバーチャルだが、自分の痛みはリアルである。

大人の世界と同じく子供の世界にもトラブルはつきものである。大人は知らず、子供の世界のトラブルを解決する最も一般的な方法は、少なくとも私がガキの頃はケンカであった。ケンカの強かった私にとって、それは半分は娯楽でもあったのだけれどもね。見つかれば先生にはおこられたけれど、悪ガキ共はケンカこそ、最も正統的なトラブル解決手段だと信じていたわけだから、先生におこられるのは、勲章のようなものであった。学校のたてまえはたてまえとして、子供の世界にはそれとは別のルールがあり、それは守るべきリアルな規範だったのだ。

いくら「生命を大切に」などと標語のように叫んでも、生命の大切さが身にしみてわかるわけではない。昔、富岡多恵子は、ああこのゼッポーよ絶望よ、なんて書かれても、なにいってんだと思うだけであるし、ゼッポーとは薬の名前かもしれないのである、とどこかに書いていたが、「生命を大切に」などと暗唱させられている生徒・児童にとって、「生命」とは「大切」の枕詞《まくらことば》以上のものではないのかもしれないのである。

ケータイも使わなければ、自らEメールを書いたこともなく、テレビゲームはおろか、テレビそのものさえほとんど見たことがない私には、このようなものにどっぷり浸っている子供たちが何を考えているか、本当のところはよくわからない。しかし、生身の他者との直接的な接触を喪失しつつある子供たちにとって、異質な他者が存在するという事実に対するリアリティーが希薄になっているのではないかと想像することはできる。オオカミはケンカをしている同種の相手が腹を見せれば、その瞬間に攻撃をやめる。そのような本能を刷り込まれていないヒトは、本能とは別の心的な拘束性がなければ人殺しに歯止めがかからない。

長崎の加害者の女児だって、先生に命は大切ですかと聞かれれば、「大切です」と言ったろう。ここで起きているのは、自らが手を下そうとしている被害者の痛みに対する想像力の欠如と同時に、たてまえとして語られるコトバを全く信じていない、という事態である。自分さえも信じていない「たてまえ」としての「よい子」を演じ続けなければならない子供たちの中に、やり場のない不満と暴力衝動がたまってきたとしても不思議ではないような気がする。たてまえだけの学校には、生徒・児童たちの暴力衝動を上手に解放する装置はない。

たてまえを子供たちに信じ込ませるためには、強い情報統制が必要である。他にいかなる情報もなければ、たてまえを信じる他はないからだ。単純に言えば、これは十五年戦争中の日本のようになるか、現在の北朝鮮のようになるということだろう。しかし、そうするには、現在の日本にはあまりにも情報があふれ過ぎている。一方で小学生にパソコンの使い方を教えておきながら、他方で情報統制することはできない。そこで政府文科省が秘かに採用した方針は国民の愚民化政策でないかと私は疑っている。文科省の御用文化人である三浦朱門は、「出来んものは出来んままで結構。……百人に一人でいい、やがて彼らが国を引っ張っていきます。限りなくできない非才、無才には、せめて実直な精神だけを養っておいてもらえばいいんです」と語っている。

何も考えずに、命令通りに動く国民を作るのは為政者の夢かもしれない。しかし同時にそれは亡国への道でもある。「よい子」たちの起こす叛乱《はんらん》は、文科省御用達の愚民化政策の破綻《はたん》を示す何よりの証拠のように私には思われる。

心理学者の小沢牧子は、洋泉社から出ている二つの本（『「心の専門家」はいらない』及び『心を商品化する社会』。後者は中島浩籌《ひろかず》と共著）で、「心の専門家」（臨床心理士）と呼ばれる商売のいかがわしさを暴いている。小沢によれば、「心の専門家」は子供たちからものを考えることを奪う装置なのだという。学校で何か事件があると、すぐに「心のケア」なるコトバが語られ、臨床心理士なる国家資格を持ったペテン師たちがやってくる。余計なお世話ではないか。自分で悩み、傷つき、試行錯誤をくり返す以外に、心を癒《いや》す方法などはない。他人の心を癒せると思うのは傲慢《ごうまん》ではないか。

　小沢は、前掲の書の中で、河合隼雄《かわいはやお》に率いられた臨床心理学界と文科省が結託して、生徒・児童に愛国心（小沢はここで言う国とは国の統治機構であると明言している）を植えつけようと汲々《きゆうきゆう》としている様を語っている。かくして、学校現場では文科省主導のたてまえだけが語られ、異質な他者へのまなざしは、不健全、非道徳的といった理由で切り捨てられていく。かつて太宰治は、暗いうちはまだ救われる。明るいのは滅びの姿だ、といったようなことを語ったが、教育現場は今、明るく滅びつつある。全校生徒が明るくあいさつをして、塵《ちり》ひとつ落ちてない校舎で、卒業式には全員直立不動で「君が代」を歌っている、なんてのは、どう考えても北朝鮮ではないか。完全にオワッテイル図である。

　先生に見つからないように校舎の陰でタバコを吸っている奴がいる。それを先生に告げ口する生徒がいる。タバコを吸った生徒を呼び出した先生は、口では説教をしながら、誰にも見つからないように吸えバカ、と目で合図を送っている。先生になぐられて憤慨する生徒に、あれじゃなぐられても仕方ないべ、と意見している友達がいる。それらの雑事を尻目《しりめ》に、勉強やスポーツに打ち込んでいる奴もいる。式は時間のムダだからすべて全体という生徒もいる。それでも何とか破綻しないで、だましだまし機能している。学校とは本来そういうものなのだと私は思う。そもそも生きているってこと自体、だましだまし以外にやりようはねえんだから、そんなことは当たり前なのだ。

個性や多様性が叫ばれて久しいが、清く正しく美しくの中だけの多様性じゃしょうがない。何といったって現実は、狡《ずる》く醜くいかがわしいんだから。たてまえで塗り固めたシステムは一枚岩のように見えるが、実は脆弱《ぜいじゃく》なのだ。すべての国民が統治者の意のままに動くような国は、明日にでも潰《つぶ》れてしまうことは必定である。一人のエリートと百人の家畜ではなく、五人のエリート、五人の天邪鬼《あまのじゃく》、三十人の働き者、五十人のわがまま、十人のなまけ者、といったあたりがちょうどよいと私は思う。そして、すべてのマイナーな者たちに栄光あれ。

身も蓋もない話

自分で言うのも何だけれども、私の文章や主張には身も蓋《ふた》もないものが多い。「身も蓋もない」を手許にある大辞林（三省堂）で引くと、表現が露骨すぎてふくみも情緒もない、と書いてある。ある主題について理屈を詰めていけば、ふくみや情緒などはなくなってくるのは当然だ。身も蓋もない私の主張に対する曲解や反論を読むと、人々が死守しようとしているのは結局は己の情緒であって、論理や理論ではないことがよくわかる。

人間は己の情緒を他人に押しつけたいとの欲望をかなり普遍的にもっているのではないかと思う。政治も戦争も宗教も、このパトスのなせる業であるに違いない。私は自分の理屈を他人に納得してもらおうと努力したことはあるが、自分の情緒を他人と共有したいと思ったことはあまりない。私が政治制度には興味を抱いても政治そのものにはあまり興味がないこととこれは関係しているに違いない。

しかし、こういう私の立場はどうもあまりよく理解されないらしい。左翼からは右翼と呼ばれ、右翼からは左翼と呼ばれ、普通の人からはただ過激なだけだと思われているようである。何であれ、他人と情緒を共有したがらない人間は、そのうち非国民と言われ、反日分子と指さされるのも時間の問題かもしれねえな。「現代思想」の二〇〇四年八月号「斎藤貴男、森達也対談——支配されたがる人々」で、森達也は、「どうして誰もジェンキンスさんには自己責任論を言わないのか。この構造がすべてを物語っています」と語っているが、権力（すなわち多数派の情緒）に楯《たて》つかない可哀想な人は超法規的な庇護《ひご》を受けられるのは当然で、権力に楯つく（すなわち、多数派の情緒を逆撫《さかな》でする）なまいきな奴はどんなバッシングを受けても当然だとの、現在のこの国を流れる情緒は、もはやファシズムだ、との斎藤と森の分析は残念ながら当たっていると思わざるを得ない。現在のこの国で、法の下での平等は空念仏ほどにも実現されていない。

この構造を基底で支えるのは、長期的な不況下で醸成されたフラストレーションであろう。論理が欲求不満を解消しないことは間違いないが、欲求不満の元凶である社会状況を変えるには、合理的な思考に頼る他はないこともまた間違いない。それにはとりあえず情緒や含蓄はさておいて、身も蓋もない話をしなければしょうがない。

昔（といっても二〇〇〇年の四月だから数年しか経っていないが）、『臓器移植　我、せずされず』という題の文庫を小学館から出したことがある。書き下ろしの文庫なんてあまり気乗りがしなかったが、編集を引き受けたらしい小学館の下請けの小さなプロダクションの編集者が前からの知り合いで、断るのもめんどうくさいので書くはめになってしまったのだ。私は「反・脳死臓器移植の思想」という題にしたかったのだが、小学館の方ではこの題ではダメだという。私としては、ならば別の出版社から出すという選択肢もあったのだが、下請けの小さなプロダクションの営業のことなどもつい考えてしまい（凡人だねえ）、私の提案した題は副題にするということで手を打ってしまった。そうしたら何と『臓器移植　我、せずされず』という題で出版されてしまったのだ。何というヒドイ題。翻訳を含めて、私は今までに四十冊近くの本を出版したが、こんなに情けない題の本を出したのは空前である（絶後であることを願うばかりだ）。私はしばらく、自分の書いた本の表紙を見るのがはずかしかった（今でもはずかしい）。

そもそも、私は臓器移植に反対なんてしていない。私が反対しているのは脳死者からの臓器移植なのだ。中身と背反する題を付けられた著者の気持ちは中々に切ないものがある。不幸にもこの本は出版後二年も経たないうちに絶版になってしまい（何と小学館は私に絶版になった事実さえ知らせてこなかった）、今では入手困難だ。議論の中身は、脳死者からの臓器移植の反対論としては、最も身も蓋もないものだと思う。出版後すぐに近藤誠から手紙が来て脳死臓器移植への反論としては、今までのどんな議論よりも論理的だと記してあった。解説の養老孟司も、「池田の今回の著書は、臓器移植への反論として、はじめて論理的な問題を明確にしたというべきであろう。これまでの反対論は、しばしば論の形を成さないことが多かった。むしろ反対という感情があまりに露わであったために、まじめにその相手をすれば、むしろ賛成の立場に引きずりこまれることになった。私自身が典型的にそうだったと思う」と書いてくれた。

この二人は私の本を身も蓋もない（情緒とは無縁である）と認めてくれたわけだ。しかし、世間は身も蓋もない議論を生理的に嫌うらしい。この本が、出版後二年足らずで絶版にされてしまったのは、そのことと関係があるのかもしれないね（再版してくれる出版社はないだろうか）。こんなことをくどくど書きつけたのは、小学館にイヤミのひとつも言いたかったのが最大の理由だけれども、最近、出版された『岩波　応用倫理学講義　1生命』（岩波書店）（私も分担執筆者の一人なのだ）の中で、編者の中岡成文が私のこの本を取り上げて、しかも全く曲解して、私があたかも「潔く生きよ」という基本的アピールのもとで、臓器移植に反対しているかのように記してあったのを読んで、あきれ果ててしまった、というのがもうひとつの理由である。

中岡は私の言説の断片のみを取り上げて、私が情緒的に臓器移植に反対しているかのように書いているが（すでに書いたように私は臓器移植に反対していない）、私が脳死臓器移植に反対している主たる理由は、この技術が大衆民主主義下の商品戦略として、致命的な欠陥をもっているという、ただそれだけの話なのだ。脳死臓器移植は、患者がわがままを言えるような医療ではない。私の主張は、医療もまたサービス産業である以上、お客様（患者）がわがままを言えるような制度にしなければ仕方がないという、本当に身も蓋もない話なのだ。

そのためには、移植して頂いたからには、皆様に感謝の言葉を強制的に言わされるような構造からどうしても抜け出せない脳死臓器移植ではダメで、患者が必要な時に必要なだけ臓器を提供できるようなシステムを作る他はあるまい。だから、脳死臓器移植に税金を注ぎ込むのはさっさと止めにして、人工臓器や再生医療に資源を回した方が賢いと主張したのである。それを中岡に、「池田さんは個人として美的な生き方・死に方を貫こうとしています。それは『達人』の態度と言えます」なんて書かれたら、まるで私がどこかのへっぽこ倫理学者か道学者みたいじゃありませんか。

私とてバカではないから、こういう身も蓋もない話は、ほとんどの人に理解されないことはよく知っている。私の本が脳死臓器移植賛成派は言わずもがな、反対派にもあまり引用されなかったのは、私が可哀想な人を助けてあげたいとか、人の命は大切だとかいった情緒とは無縁なところで議論を展開したからだ、と思っている。はっきり言って私は、人間の命が大切だなどと思ったことは一度もない。こういうことを公言すると、この国では恐らくそれだけで人非人だ。ではあなたに聞くが、他人の財産を大切だと思ったことはあるか。私を含め多くの人は他人の財産が増加しようが減少しようが別にどうでもよいと思っているに違いない。しかし、そのことは、他人の財産を勝手に奪ってよいという話とは全く違う。同様に我々はいかなる人の命といえども勝手に奪ってはいけないが、それは人間の命が大切だからではなく、そうしなければ、自由と平等が守られないからだ。

私の政治的な主張は、他人の自由を侵害しない限り、どんな勝手なこともできる制度を作ろうということに尽きる。しかし、他人はこういうのは政治とは言わないらしい。多くの人にとって政治とは自分の情緒をいかにして合法的に他人に押しつけるかということらしい。私はこのての政治には興味はない。すべての制度を情緒から中立にすべきだ、という私の主張は、人類滅亡の日まで受け容《い》れられることはないのだろうね。

ところで、つい最近、性同一性障害の二十代の男性に対し、男性から女性への戸籍の変更が裁判所によって認められた、というニュースがあった。二〇〇四年七月十六日に「性同一性障害特例法」が施行されて以降、最初の性別変更例だとのことだ。私は新聞のニュースではじめて知って驚いたのだが、この法律によれば、性別変更にあたり、二人以上の医師の診断や生殖能力を失っていることなどが条件だという。何という悪法だ。自分の情緒を他人に押しつけようとの典型例がここにある。

性同一性障害という呼称からしてヒドイと私は思う。どうして当該者は差別だといって文句を言わないのだろう。自分の性を自分で決定するのは、住所や職業を選択するのと何ら選ぶところがない基本的人権だと私は思う。システムとしての社会はそのことによりアノミー（無秩序）になることは決してない。男と女という二分法に固執するのは論理的根拠のないドクサ（思い込み）である。生物学的には人間の性には大きく分けて三つのカテゴリーがある。①性染色体から見た性、②身体的みてくれとしての性、③心的アイデンティティーとしての性、である。基本的にはこれらの三つは独立の現象である。①、②、③が共に同じ性であるのはマジョリティーであるにすぎない。同様に①、②、③のどれかが他の二つと異なる性になるのも異常なんかじゃなくて単にマイノリティーであるにすぎない。身長二メートル以上の人が珍しいというのと同じである。

確かに①、②、③のどれか一つが異なる性であると本人は苦痛だろうし、苦痛の有無をもって障害か否かを決定するとすれば、これは障害と言《い》い做《な》せないこともない。しかし、この障害は足が一本しかないといった本来的な障害と違い、社会制度が作った障害である。社会制度が作った障害は、社会制度を変えればよいというのはごく単純な論理的帰結である。最も簡単なのは戸籍に性別を記すことを廃止してしまえばよいのだ。それで社会がアノミーになることは決してない。

権力（多数派の情緒）は①、②、③の性が一致しない人をいじめ抜き、いじめられて苦しんでいる人に性同一性障害というレッテルを貼り、可哀想な障害者を医療によって改造し、人並みに近くなれてよかったねと声をかける。ヒドイ話ではないか。生殖能力を失わなければ性別変更を認めないなんていうのは、指をつめなきゃ組抜けを許さないというヤクザの感性と同じじゃないか。

①、②、③が独立であれば、この世には少なくとも八通りの組合わせの性のパターンが

ある。中には自分の心的なアイデンティティーとしての性は男でも女でもないと思っている人もいるだろう。こういう人を含めれば、世の中には男と女しかいないという多数派の情緒的考えにはいかなる根拠もないことがわかる。

自分たちの情緒のみが正しいという思い込みが、この世界のすべての不幸の源泉である。自分の情緒から判断して可哀想な人を助け、なまいきな奴をやっつけようという思い込みから、すべての戦争は始まったのだ。こういう感情が多少とも人間の生得的な感情であるならば、身も蓋もない世の中を作りたいとの私の願いはどう考えても絶望的だな。あっ、そうだ。一つだけ可能性がある。人間の生殖細胞を操作して、身も蓋もないことに最大の価値を感じる人間を作ってしまえばよいのだ。

そのことに思い至れば、多くの人が生殖細胞の操作に反対しているのもわかる気がするね。彼らは言う。「人間の本質を守らねばならない」。わかったぞ。人間の本質って多数派の情緒のことなんだ。

ぐずぐず生きる

私は本当はぐずぐず生きるのは嫌いである。ぐずぐずは漢字で愚図愚図と書くのだから、好きな人はあまりいないだろう。しかし、実生活は大方はぐずぐずしていることが多い。もっとすっきりと生きたくないわけではないが、すっきり生きようとすると犯罪者になってしまいそうだから、娑婆《しゃば》で暮らすためにはぐずぐずと生きなければしょうがないのである。

自分のことはなるべく書きたくないのだけれど、のっけから何を書いているのかわからないという人も多いだろうから、少し具体的に書いてみよう。私の脳に棲《す》みついている思想はリバータリアニズムと呼ばれているものに一番近い。未来の人も含めて、他人の自由を侵害しない限り基本的に何をしてもよいとの考えである。但し、自由であるためには平等であることが前提だから、私流のリバータリアニズムを貫くためには人生の出発点における平等が担保されなければならない。

書くのは簡単だけれどもこれを実行するのは大変だ。たとえば、すべての世襲的身分制度は廃止しなければならない。当然、天皇制は廃止すべきことになる。あるいは親の財産を子に相続するのは禁止すべきということになる。国家は個人の自由と平等を守るための道具にすぎないとの考えだから、個人に対して様々なおせっかいを焼く必要はないことになる。当然すべての補助金は廃止、医師免許も弁護士資格も必要ないことになる。

こういうことをマジで実行に移そうとしたら革命でも起こすしかない。しかし、現状ではどう考えてもこの革命は成功しそうにないから、とりあえずは売れない本でも書いてリバータリアニズムに賛同してくれる人を一人でも増やす他はない。ぐずぐず生きるしかないわけだ。しかし、普通はぐずぐず生きているのは精神的にしんどいし、健康にも悪い。精神的に一番楽なのは転向することだ。世間で流通している最も一般的な情緒に身をゆだねてしまえば、精神的にこんなに楽なことはない。多数派の考えを自分の考えだと思い込んでしまえば、世界はどんどん自分が思っている方向へ動いていくわけだから、とっても気持ちがいいだろうと思う。反対する奴は人間のクズだ、非国民だ、と言って罵倒《ばとう》してりゃよいわけだから、こんなに楽しいことはない。ファシズムは楽しくなりたい人間の心から発生したに違いない。あるいは、ひとたび本が売れ出してある閾値《いきち》を越えてしまえばメガヒットになるのも同じ理屈からだろう。きっと。

社会生物学者であれば、何であれ人間が多数派に迎合するのは生得的なものであり、自然選択の結果である、と主張するかもしれない。抗争している集団の中では少しでも多数の方に与《くみ》した方が生き残る確率が高くなり、従って、もしこのような性質が遺伝するものであれば、ヒトは徐々に多数派に迎合する性質を強めていくであろう、ってなわけだ。もちろん、このての話はみんなインチキだと私は思っているけれども、多くの人が多数派に迎合し易い性質をもっているのは本当かもしれない。恐らくそれは脳というわがままな器官を手に入れた人間の副産物なのだろう。脳は体が自分の思い通りに動かないと気がすまない。体が不自由になって気が滅入《めい》るのは、脳のわがままを聞いてくれる奴隷が減るからである。

脳もまた様々な部品の集合だから、親玉（自我の中枢）の命令を聞かない部品もある。たとえば、自我は勉強が出来るようになりたいのに、部品の方はちっとも言うことを聞いてくれない。すると脳は、親の遺伝だから仕方ないとか、勉強ばかり出来ても幸せになれるわけじゃないとか、様々ないいわけを考えてつじつまを合わせようとする。脳の内部でつじつまが合わないのはわがままな脳にとって大きなストレスなのだろう。そう考えれば、転向は一種の合理化なのかもしれない。

脳が楽になるもうひとつの方法は、敗れ続けることの快感に浸ってしまうことである。敗北主義とも殉教主義とも言えそうだが、まあ一種のマゾヒズムだな。昔の左翼の中にはこの類《たぐい》の人が時々いる。いつも必敗の戦いに参加していてほんのわずかでも多数派に与することを潔しとしない。正義は常に抵抗する側にあり、抵抗される側にはないとの考えから抜け出せない。脳の中ではつじつまが合っていてストレスははたから見ている程ないのだと思う。マゾが気持ちがいいのはHをしている時ばかりじゃないんだよね。

でもねえ、抵抗する側はいつも正しくて、抵抗される側はいつも間違っているなんてことは論理的にあり得るはずはないのだ。たとえば最近、佐賀地裁が諫早《いさはや》湾干拓を差し止める仮処分の決定を行ったが、江刺洋司『有明海《ありあけかい》はなぜ荒廃したのか』(藤原書店)によれば、諫早湾干拓のせいだとマスコミ挙げて大合唱している有明海の荒廃は、実はノリ養殖業者がノリ網殺菌のために使用する有機酸が最大の原因なのだという。この本は、有明海荒廃の責任が、①有機酸剤の使用を許可した水産庁、②それを良いことに認可以上の添加物を加えて利潤を増やそうとした企業、③それを使えば金もうけができると飛びついた漁民、④それらの癒着にお墨付きを与えた専門家、の四者にあることを暴《あば》いてなかなか見事である。旗を掲げて〝諫早湾干拓反対〟を叫びながら、漁船でデモ行進するノリ養殖漁民の抵抗姿に、マスコミも裁判所もだまされたんだな。きっと。

というわけで、抵抗する側は常に正しいとの考えは、時に足をすくわれることになる。もっとも、この話は正義を弾圧する巨大権力とそれに立ち向かう弱小集団という、おなじみの文脈で見れば、話の構造自体が勧善懲悪、あるいは善悪二元論という、脳が楽しくなる最も一般的な情緒に満ちているわけで、話自体はマジョリティーの勝利なのである。漁民の中には有明海荒廃の原因は、ノリの養殖漁民による有機酸の使用であることがわかっている人もいるに違いないが、集団の中でそれを言い出すのは大変なのだと思う。私は部外者だから好き勝手なことが言えるが、諫早湾干拓反対で盛り上がっている中で、少数意見を言うのは大変な脳のストレスであろう。

私は諫早湾干拓の是非について意見をしているわけではない。ただ、有明海荒廃の原因は有機酸の使用にあることは科学的に間違いないのだから、それを隠蔽《いんぺい》するのはいずれにしても良くないことだと思うだけだ。私はどんな小さな悪事をも見逃さないで闘え、などと主張しているわけではない。気に入らないことがあったなら、せめて、ぐずぐずして多勢に加担しない選択肢もあるよ、と小さな声で主張したいだけだ。

南フランスのエーグモルトにコンスタンス塔という遺跡がある。昔、思想犯を幽閉するのに使われたという。ここに長い間閉じ込められていた新教徒のマリー・デュランは縁石に「抵抗せよ」と刻みつけ、それは今日もまだ鮮明に残っている。いつの時代でも抵抗した人はいたわけだから、抵抗するという行動もまた人間の本質のひとつなのだろう。しかし、脳のつじつまを合わせるために、すなわち脳が気持ちよくなるために抵抗しているとしたら、政治権力を奪取すれば、言っていることが違うだけで、やることは元の権力者と同じになるに違いない。戦争が絶えることなく、歴史は繰り返すばかりで、人類はあまり進歩しているようには思われないのは、人間がこういった構造からなかなか抜け出せないからなのかもしれない。ぐずぐず生きることに多くの脳が快さを感じるようになれば、世界も少しは変わるだろう。

たとえば、がんになる。手術で失敗する確率が何パーセントかあると告げられても、根治法は手術以外にないと言われると、多くの人が手術に同意してしまうのは、手術をしないでぐずぐずと中途半端に生きるのが苦しいからだ。苦しいのは、体ではなくて脳である。でも、よく考えれば、ある程度の年齢以上の人の体は徐々に衰えてゆくことはあっても、徐々に元気になることはないのだから、そう考えれば、がんを身内に抱えてぐずぐずと生きるという選択肢もそんなに悲惨とは言えないだろう。

話をすっきりさせてしまえば、いずれにしても気持ちがいいというのは脳のわがままである。ぐずぐずと生きることに耐える脳を作ってやれば、脳もその中で新たな快感を見出すかもしれない。諫早湾干拓の話との関連で言えば、全国で公共事業と称する巨大土木事業に反対している人々がいる。諫早湾干拓では、生活の場を奪われるかわいそうなノリ漁民という物語が作れたけれども（半分はペテンだったわけだが）、大半の反対運動ではそんな都合のよい話は簡単には作れない。

私は高尾山にトンネルを掘って圏央道を通すという土木事業に反対している。私はこの工事の差止訴訟と事業認定取消訴訟の原告の一人なのだ。私の個人的な損得関係で言えば、高尾山に圏央道が通って損することは何もない。虫採りやスキーに行く時によく圏央道や中央道を利用している立場からは、圏央道が開通すれば便利なことこの上ない。自宅の近くにインターができるわけだから、甲府や軽井沢へ行く時間が二十分程短縮できる。開通するや否や真っ先に利用すると思う。高尾山にトンネルを掘られて生活が困る人は原告の中には恐らくあまりいないだろうと思う。

それではなぜ反対するのか。私の場合、話は簡単である。圏央道が必要だということは認めたとしても、高尾山にトンネルを通す必然性は全くないということに尽きる。東京都でほとんど唯一といってよい低地原生林に、よりによって高速道路を通すバカはいない。もっと別の場所に通せばよいのだ。しかし、闘う相手は国や道路公団である。この裁判に勝てる見込みは多分ない。かわいそうな原告もいないから、お涙ちょうだいというメディアが喜ぶお話もないしね。

でも勝てる闘いしかしないのでは、脳は気持ちいいかもしれないが世の中は進歩しない。さりとて敗北主義に陥って、悲劇のヒーローやヒロインに自らを擬して脳が気持ちよくなるやり方も気にいらないのだ。だから、私の気分としてはぐずぐずと闘うのである。ぐずぐずと闘うと気分が滅入るから、ぐずぐずと闘っても脳が気持ちよくなる方法を考えるのである。昔、圏央道反対運動の先頭に立って頑張っていたYさんは、ある時ぱったりとすべての運動から身を引いてしまった。頑張りすぎて脳が疲れてしまったのだと思う。

巨大な権力に立ち向かって抵抗しようとする時に一番いけないのは過度に頑張ることである。過度に頑張ると身も心もズタズタになって、後には転向かマゾの道しか残されていない。運動は趣味だと思って気が向いた時だけやればよいのだ。私が圏央道反対運動に加わって一番楽しかったのは、トラストしていた土地が強制収用になって、補償金の払渡通知書という書類が送られてきた時だった。配達証明付速達で送られてきた通知書に記されていた「土地に対する損失の補償の払渡金額」は何と二円だったのである。これは笑えた。この通知書を肴《さかな》にその日は女房と遅くまで痛飲した。「楽しいね」と私は言い、「ホント」とカミさんは相槌《あいづち》を打ってくれた。ま、負け惜しみだけどね。

私が死んだ後、世の中少しはまともになるのだろうか。

あとがき

本書は二〇〇二年五月から二〇〇四年十月まで「本の旅人」に三十回連載したエッセイをまとめたものだ。

戦後六十年、日本の社会システムは老朽化して崩壊寸前だが、これに代わるべきどんなシステムを作るべきかについて、政府も国民も明確なビジョンをもてないでいる。このままでは国の借金は臨界点を越え、国民の間の貧富の差は益々開き、いずれクラッシュは免れないであろう。

さて、我々はどうすべきか。

あり得べき新しいシステムを構築すべく人生をかけるのも悪くはないが、新しいシステムが出来る前に人生は終わってしまうかもしれない。新しいシステムは、人生を有意義にするために作るわけだから、その前に人生が終わっては何にもならない。

というわけで、八方塞《ふさ》がりの中でとりあえず、少しでも元気を出そうと思って書いたのが、本書に収められたエッセイ群である。

でも読み返してみると、愚痴、負け惜しみ、ごまめの歯ぎしり、といったものばかりだなあ。昔、革命を夢みた青年が、棺桶《かんおけ》に片足をつっ込むような歳になって、負け惜しみを言って無理に元気を出しているという風情《ふうじょう》である。情けねえけど、まあ仕方ないか。

池田清彦

二〇〇五年一月

文庫版あとがき

本書のもとになるエッセイを「本の旅人」に連載をはじめたのは二〇〇二年の五月だから、早いものでもう六年の歳月が流れてしまった。少年老い易く学成り難し、と古人は詠《うた》ったが、老人はさらに老い易く、学はさらに成り難い。老いさらばえる前に死んでしまうことすらある。というわけで、「やがて消えゆく我が身なら」という題で連載をしている最中や、単行本にまとめて出版した頃は、池田清彦はもうすぐ死ぬんだ、と期待した向きもあったようだが、残念でした。

私が死ぬと、悲しむ人の百倍くらい喜ぶ人がいそうなので、せめて百歳くらいまで悪態をつき続けてやろうと決意しているのだが、決意ほど当てにならぬものはないので、こればかりはどうなるかはわからない。

先日、近くのスーパーで買い物をしていた所、エスカレーターを逆走して遊んでいるガキが二人いた。「よい子のみなさん。エスカレーターの前や途中で遊ばないようにしましょう」とエンドレス放送が流れている中で、逆走するとは、いい度胸だと思って目を細めて見ていると、中年のオジサンが寄ってきて、「放送が聞こえないのか」と説教をはじめた。すると、ガキの一人が、「オレたち、よい子じゃないからいいんだもん」と答えている。私は心の中で喝采《かっさい》し、日本もまだ捨てたもんじゃないかもしれないな、と思ったのだった。

最近、「談」という雑誌を読んでいたら、編集の佐藤真が、アメリカではここ数年、社会の管理・統御技術として、「ゼロ・トレランス」という概念が注目されていると書いていた。それは次のようなことであるらしい。

――「市民道徳に反する行為を絶対に許さず、しつこい物乞《ものご》いや押し売り、浮浪者、酔っぱらい、娼婦《しょうふ》を厳しく取り締まり、街中から逸脱者や無秩序を一掃すること」であり、そのターゲットは、コミュニティに置かれています。――

（「談」八一号、四頁、二〇〇八年）

アメリカは九・一一の事件から何も学んでいない懲りない国だとつくづく思う。アメリカの属国である日本も、アメリカの真似をして、「ゼロ・トレランス」などと言いだす輩《やから》がいるに決まっていると思うといささか気が重い。現に文科省は強い関心を示し、「ゼロ・トレランス方式の調査研究」なるものをはじめたらしい。

エントロピーは常に増大する。低エントロピー状態を維持することだ。熱力学の第二法則によれば、秩序を保つとは、低エントロピーを保つためには、質の高いエネルギーを湯水（実は油水かな？）のように使う他はなく、その結果、周りはどんどん無秩序になっていく。それは、まさに二十世紀のアメリカではなかったか。アメリカが秩序を保とうと蟷《とう》螂《ろう》の斧《おの》のような努力を続ければ続ける程、世界は全体として無秩序になっていき、その結果が九・一一だったのだ。どんなにアメリカがいきがっても、物理法則にはかなわない。

質の良いエネルギー源がどんどん枯渇していく世界で、「ゼロ・トレランス」などというバカなことをはじめようとすれば、秩序が保たれている閉域をどんどん縮小する以外にない。広大な領地の全域にわたって秩序を保とうとすれば、膨大なコストがかかり、エネルギーの枯渇に伴い、やがてそれは不可能になるのは自明だからだ。逸脱者や無秩序を、秩序ある閉域から一掃することはできるかもしれないが、その行きつく先の秩序ある社会は、無秩序の大海の中の孤島のごときものとなろう。孤島の中で生きる「ゼロ・トレランス」の人々は、絶え間なく進行する無秩序の侵蝕《しんしょく》を防衛する聖戦の戦士となって、人生を過ごすんだろうね。御苦労なことですな。

浮浪者がいたって、酔っぱらいがいたって、娼婦がいたって、別にいいじゃないか。世界が滅びるわけでなし。しまった、本書の副題を「反ゼロ・トレランス宣言」とすればよかった。

二〇〇八年四月

池田清彦

本書は、二〇〇五年二月に角川書店より刊行
された同名の単行本を文庫化したものです。

やがて消《き》えゆく我《わ》が身《み》なら

池田《いけだ》清彦《きよひこ》

角川文庫 15157

平成二十年五月二十五日　初版発行

発行者—青木誠一郎

発行所—株式会社角川学芸出版
東京都文京区本郷五—二十四—五
電話・編集（〇三）三八一七—八五三五
〒一一三—〇〇三三

発売元—株式会社角川グループパブリッシング
東京都千代田区富士見二—十三—三
電話・営業（〇三）三二三八—八五二一
〒一〇二—八一七七
http://www.kadokawa.co.jp

印刷所—暁印刷　製本所—BBC

装幀者—杉浦康平

角川ソフィア文庫 372　ISBN978-4-04-407002-1　C0195

角川文庫発刊に際して

角川源義

　第二次世界大戦の敗北は、軍事力の敗北であった以上に、私たちの若い文化力の敗退であった。私たちの文化が戦争に対して如何に無力であり、単なるあだ花に過ぎなかったかを、私たちは身を以て体験し痛感した。西洋近代文化の摂取にとって、明治以後八十年の歳月は決して短かすぎたとは言えない。にもかかわらず、近代文化の伝統を確立し、自由な批判と柔軟な良識に富む文化層として自らを形成することに私たちは失敗して来た。そしてこれは、各層への文化の普及滲透を任務とする出版人の責任でもあった。

　一九四五年以来、私たちは再び振出しに戻り、第一歩から踏み出すことを余儀なくされた。これは大きな不幸ではあるが、反面、これまでの混沌・未熟・歪曲の中にあった我が国の文化に秩序と確たる基礎を齎らすためには絶好の機会でもある。角川書店は、このような祖国の文化的危機にあたり、微力をも顧みず再建の礎石たるべき抱負と決意とをもって出発したが、ここに創立以来の念願を果すべく角川文庫を発刊する。これまで刊行されたあらゆる全集叢書文庫類の長所と短所とを検討し、古今東西の不朽の典籍を、良心的編集のもとに、廉価に、そして書架にふさわしい美本として、多くのひとびとに提供しようとする。しかし私たちは徒らに百科全書的な知識のジレッタントを作ることを目的とせず、あくまで祖国の文化に秩序と再建への道を示し、この文庫を角川書店の栄ある事業として、今後永久に継続発展せしめ、学芸と教養との殿堂として大成せんことを期したい。多くの読書子の愛情ある忠言と支持とによって、この希望と抱負とを完遂せしめられんことを願う。

一九四九年五月三日

角川ソフィア文庫ベストセラー

角川ソフィア文庫ベストセラー